智能社会
新型人机关系研究

王袁欣 / 著

THE INTELLIGENT SOCIETY:
UNVEILING EMERGING HUMAN-MACHINE RELATIONSHIPS

人民日报出版社

北 京

图书在版编目（CIP）数据

智能社会新型人机关系研究 / 王袁欣著. -- 北京：
人民日报出版社，2024. 10. -- ISBN 978-7-5115-8504-2

Ⅰ. TB18

中国国家版本馆CIP数据核字第2024Q4N587号

书　　　名：	智能社会新型人机关系研究	
	ZHINENG SHEHUI XINXING RENJI GUANXI YANJIU	
著　　　者：	王袁欣	
出 版 人：	刘华新	
责任编辑：	梁雪云	
封面设计：	主语设计	

出版发行　人民日报出版社

社　　　址：北京金台西路2号
邮政编码：100733
发行热线：（010）65369527　65369846　65369509　65369512
邮购热线：（010）65369530
编辑热线：（010）65369526
网　　　址：www.peopledailypress.com
经　　　销：新华书店
印　　　刷：三河市中晟雅豪印务有限公司
法律顾问：北京科宇律师事务所（010）83632312

开　　　本：710mm×1000mm　1/16
字　　　数：235千字
印　　　张：17
版次印次：2024年10月第1版　2024年10月第1次印刷
书　　　号：ISBN 978-7-5115-8504-2
定　　　价：69.00元

序

人类社会正处在一场深刻的变革之中。在这个前所未有的智能时代，人与技术的关系不再局限于工具的使用，而是逐渐形成了互动、协作甚至伙伴的复杂关系。我们见证了技术嵌入与社会文化变迁交织的过程，这个趋势带来了诸多值得探讨的研究议题，而我指导的博士——本书的作者，以她敏锐的洞察力捕捉到了这一变迁中的深层脉络，为我们提供了对新型人机关系的系统研究。

智能社会的兴起并非简单的技术革新，而是一场社会重构的过程。自工业革命以来，技术进步推动了社会生产力的显著提升，带来了社会组织形式、经济结构和文化观念的深刻变迁。今天的智能技术正逐步嵌入到人类的日常生活和社会制度之中，并在多维度上重塑人与人、人与物之间的关系。与此同时，智能虚拟助手、聊天机器人、虚拟主播等"拟人化"技术的广泛应用，也在挑战着传统社会认同的边界。与过去不同，今天的技术角色被赋予了拟人化的特征，甚至逐渐融入到日常生活的各个场景中，成为人类情感联结的对象，从而重塑人类的自我认同。

在此背景下，本书作者试图将智能传播和人机关系放置在智能社会的宏大背景中，从社会互动论及媒介环境学的理论视角透视人机关系的复杂性。作者在书中所探讨的"新型人机关系"既是智能技术进步的产物，也是现代社会互动模式变革的缩影。她结合社会学和传播学的理论工具，从个体、群体、社会结构等多重视角入手，深度分析了智能传播中的人机关系变化。这不仅

1

是一种理论的建构，更是一种现实的回应——回应着人类在智能社会浪潮中的身份认同、情感关系、伦理抉择等核心问题。

作为一名社会学背景的学者，我非常欣慰地看到，我的学生在研究中融入了社会学的视角，以跨学科的视野、批判的思维和独到的见解，为新型人机关系的研究提供了富有深度的思考。

总之，智能社会人机关系的研究涉及的不仅仅是技术应用，更是对人类社会变迁的深刻洞察。希望这本书能够为未来的智能传播和人机关系的研究提供新的启示和思考。

刘德寰　教授

2024 年 10 月 16 日于北大燕园

目 录

第一章

绪　论

1.1 研究缘起与研究背景

1.1.1 选题缘起

如果我们以媒介的演进来划分历史时期，通常可以将历史粗略地分为四个具有主要特征的媒介传播时代：口语时代、文字时代、印刷术时代、电子媒介时代。而在这漫长的历史长河中，媒介技术的兴起与演变也不断推动着文明向前发展。伊尼斯在《帝国与传播》中曾强调新的媒介技术的出现会对地区的政治制度、宗教制度和社会生活产生重大影响。

现如今，以商业化应用和实践为主导的互联网技术为新兴媒介研究开启了重要的入口。[1]人工智能技术是继电子时代后科学技术的又一次飞跃性革命，借由人工智能技术，人类的生活有望在未来很长一段时间里发生"以旧貌换新颜"的潜移默化的改造与变革。也正是随着人工智能技术的进一步发展，几十年前出现在科幻小说中的情节正逐步向现实演化，人们开始正视人工智能技术走进社会生活这一现实。这引发了不少学者思考一系列与人工智能相关的研究问题：人工智能技术将会如何重塑人类的交流模式？以往基于电脑中介传播（Computer–Mediated Communication，CMC）的理论框架是否依然适用于人工智能传播时代？[2][3]针对上述对于中介传播效果的探讨，斯坦福大学

[1] 魏然，周树华，罗文辉. 媒介效果与社会变迁 [M]. 北京：中国人民大学出版社，2015：275.

[2] Hancock J T, Naaman M, Levy K. AI-mediated communication：Definition，research agenda，and ethical considerations[J]. Journal of Computer-Mediated Communication，2020，25（1）：89–100.

[3] Carr C T. CMC Is Dead, Long Live CMC! Situating Computer-Mediated Communication Scholarship Beyond the Digital Age[J]. Journal of Computer-Mediated Communication，2020，25（1）：9–22.

的汉考克（Hancock）等人重新定义了以人工智能为中介的传播模式（Artificial Intelligence-Mediated Communication，AI-MC），该传播模式区别于计算机中介传播模式（CMC）的核心在于 AI 代理（agents）操作的互动行为能够实现人际交往的目标，AI-MC 将会带来人际交往新时代 [1]。因此，笔者认为在当下梳理并研究 AI-MC 模式下人机互动和媒介环境的演进和变迁是非常重要且必要的。新技术提升了数字化生产、生活的水平，技术的发展不可避免地带来媒介环境的变化，这也为关注媒介技术的传播学研究者提供了新的思考方向以及研究情境和研究问题。

在新的传播模式中，智能机器不再只是传递信息的介质和渠道，而是成为与人类对话的交流对象，如智能助手（Intelligent Agent）可以通过与人类交流来帮助人类完成交流目标。[2] 针对这一交互过程，我们需要对人工智能技术发展可能带来的社会影响和社会变迁有前瞻性的思考，以古鉴今，思考人、技术和社会该以何种姿态保持相对平衡的状态并和谐共处。"人机和谐共处的最高境界是'零交互'""智能机器人就是'零媒介传播时代'的最终形态"。[3] 这符合中国传统文化思维中的天人合一、和谐共生的关系形态。因而，将个体、智能机器人与媒介环境之间的互动关系联动考察，有助于探讨人机互动共生关系的生成、演化和发展。

1.1.2 研究背景

传播学向来有跨学科的基因，是诸多社会科学的十字交叉路口，汇聚融

[1] Hohenstein J, Jung M. AI as a moral crumple zone: The effects of AI-mediated communication on attribution and trust[J]. Computers in Human Behavior, 2020, 106（5）: 106-190.

[2] Hancock J T, Naaman M, Levy K. AI-mediated communication: Definition, research agenda, and ethical considerations[J]. Journal of Computer-Mediated Communication, 2020, 25（1）: 89-100.

[3] 林升梁, 叶立. 人机·交往·重塑: 作为"第六媒介"的智能机器人 [J]. 新闻与传播研究, 2019, 26（10）: 87-104.

合了多元学科的理论与实践知识。同时，新传播技术的发展使传播学问题不再局限于看似狭小的学科领域，伴随新传播技术，传播问题已深入人类社会生活的各个领域，这是时代赋予传播学新的使命与机遇。重新理解数字技术在传播领域的应用和影响是传播学者在未来很长一段时间里要不断钻研的课题。当具有活力的新技术、新媒介出现时，我们就需要关注并跟踪其可能带来的受众与媒介互动行为以及媒介环境的变化。同时，网络平台、大数据、人工智能技术的出现也为研究者提供了从海量数据中挖掘人类行为模式的机会，研究者可以在空前的规模下观察人类行为，进而对人们的行为进行全面剖析和理解。

2021 年 2 月发布的第 47 次《中国互联网络发展状况统计报告》显示，我国网民规模为 9.89 亿，互联网普及率达 70.4%，手机网民为 9.86 亿。智能手机普及率的提高以及客户服务自动化需求的增加都推动了全球智能虚拟助手市场的发展。虽然自从智能手机兴起后，人们已经徜徉在数字生活的海洋中许久，但随着数字化生活的深入发展，人们才开始警惕、反思、慎重地思考如何步入下一阶段。人类总是擅长遗忘的，因为不管在过去遭受多少惨痛的代价，任何一项新的技术从萌芽、问世到蓬勃发展，似乎都经历了相似的技术接受历程。

智能机器人的出现与发展，为媒介技术形态开辟了一个新的发展路径，机器人除了能够更加智能地提供信息，还将作为情感型交往而存在。[1] 机器人从军事工业领域破圈而出，许多新技术开始从军用转向民用，机器也开始具备一些人格化的特征。因此，当虚拟智能机器人开始以植入各种硬件设备的形式进入人们的日常生活，我们很难不正视这样一种新技术和新媒介对个体社会生活产生的影响。手机、社交媒体等基于媒介的沟通已经对人际交往产生不可逆的作用，那将机器作为对谈者相沟通可能给人际交往带来的潜在影

---

[1] 林升梁, 叶立. 人机·交往·重塑: 作为"第六媒介"的智能机器人 [J]. 新闻与传播研究, 2019, 26 (10): 87-104.

响也不容忽视。此外，智能机器人之所以在可预见的未来会对媒体和媒介融合产生影响，很重要的一点就是它有能力将以往大众传播所能包含的形态和功能进行整合，呈现出一体多面的形式，以融合碰撞融合，激发出最大限度的整合成效，加快各方主体的融合进程。未来人工智能的发展方向，可能会朝社会性和进化性机器人发展。[1]

1.2　研究目的及意义

1.2.1　研究目的

本研究将在传播学、社会学、心理学等跨学科视角下观照人工智能技术对个人社会生活的影响，聚焦于个体、智能虚拟助手以及媒介环境三者的关系，即人机互动共生关系的形成与演化问题。

随着人工智能技术在社会生活中的广泛应用，智能传播已经成为势不可当的未来发展趋势，但从当前研究现状和实际生活来看，不论从法律规章公约的制定层面来看，还是从公众对人工智能技术的接受程度而言，全社会都尚未做好与智能机器人共生共存的准备。一方面是由于技术更迭速度很快，摩尔定律的数值还在被不断突破，人们对技术的前瞻性及影响认识不足；另一方面，新技术对社会的影响是渐进的，无法在短时间内完成认知过程。本研究想重点探讨用户与新技术之间的互动，继而探讨身处在新媒介环境下与人机交往互动的过程会对个体的发展以及人际发展带来何种影响。

---

[1] 谢新洲，何雨蔚 . 重启感官与再造真实：社会机器人智媒体的主体、具身及其关系 [J]. 新闻爱好者，2020，35（11）：15-20.

1.2.2　研究意义

人工智能技术的广泛应用性使其与不同领域结合时都呈现出不同的形态特征，正如伊尼斯所言，不同的媒介有不同的偏向。基于技术和算法，当前媒介形态及其内容都在发生变化，那么人工智能技术可能生发出与其具有时间、空间、符号、物质、制度相适应的媒介，那这种新媒介也拥有与旧媒介并不相同的偏向。而在人工智能技术发展引领的科技革命浪潮中，传播学与计算机科学有了更加紧密的联系。段鹏曾对未来媒介融合形态进行畅想，他认为仅是简单叠加的媒介难以满足需求，未来应该专注于发展深层次的"互嵌"，即"将人机对话和器物仿真嵌入人们的日常生活，人类躯体在数字科技和文化融合的氛围中已然成为一种全新的媒介，人、媒介、物三者一体化发展的'万物皆媒'时代已悄然而至"。[1] 在技术突飞猛进之际，在呼吁媒介融合发展进行得如火如荼之际，我们需要更加冷静地对新媒介进行思考。对于人工智能技术以及新媒介的反思，绝不是要全面抵制、全面批判，而是需要我们意识到这些新技术会带来的潜在后果和影响。只有这样，在技术发展过程中我们才能更加注意新的媒介行为的出现，从而找到一种与新媒介、新技术共生共存的更为恰当的方式。同时，从传播学研究媒介技术的传统来看，我们剖析新的智能技术、理解智能技术并不是单纯地指向技术本身，而是要揭开技术是如何改变人类行动和互动环境，以及技术如何被社会选择等问题的答案。[2]

因此，从人机互动视角切入，既可以剖析智能时代下人机互动的新型关系，洞察由人机关系变化带来的社会变迁趋势，同时又以媒介融合发展作为现实投射，分析智能技术下的新媒介偏向，以及如何才能达到人、媒介、物互嵌共生的深层次融合阶段。

本书的研究意义还体现在两个方面，其一是研究关注智能虚拟助手对个

---

[1]　段鹏 . 智能化背景下全媒体传播体系建构现状研究 [J]. 中国电视，2020，39（5）：48-51.

[2]　特里·弗卢，徐煜 . 借鉴过去，规划未来：媒介史对数字平台的启示 [J]. 全球传媒学刊，2019，6（1）：103-114.

体社会化的潜在负面影响，有利于深入浅出地理解智能虚拟助手对个体成长和社会交往的作用与影响。其二是通过对智能虚拟助手用户画像的描摹，能够更好地开展用户研究，具有市场研究方面的价值。

1.3 研究对象与研究问题

1.3.1 研究对象

本研究始终在智能传播的研究背景下展开，以人工智能技术及产品、智能虚拟助手及其用户为主要研究对象。全书由两大研究构成，两大研究混合定性、定量两种方法，分别从宏观与微观、主观与客观等多层面交织回应下一节提到的研究问题。研究分别面向不同的研究对象，采用不同的研究方法。在问卷调查中，研究对象是全国范围内进行抽样的人工智能产品的用户；在定性访谈中，研究对象是年龄在 35 岁以下的使用智能虚拟助手的用户。虽然研究对象各不相同，但是两个研究共同构成了完整叙事结构，不同的切入点满足了研究需求，既包含普遍性、一般性意义上的人工智能用户画像全貌，又纳入了典型性、特殊性视角的用户具体行为和态度，同时，本书的最后还通过宏观层次的视角，将具象化的个体参与人机互动的行为放置于整个社会变迁的大环境中来分析人机互动对人机共生关系及社会变迁的影响，回扣本研究的主题个体、智能虚拟助手与媒介环境的人机互动共生关系研究。

1.3.2 研究问题与研究框架

在媒介的历史分期中，最传统的分类方法就是将其分为口语时代、文字时代、印刷术时代和电子媒介时代，不同时代媒介的变迁都带来了社会的深刻变革。从口语时代进入文字时代时，研究者们思考的是文字对于个体思维方式的影响，文字如何打破阶层对文化的控制，以及文字如何影响个体认识世界和理解信息。到了印刷术时期，印刷术对社会影响则更为深远，印刷术的出现被认为是推动信息民主化进程的重要技术革命。由于印刷术的普及，人们改变了信息的获取、传递和解读方式，更加全面地呈现了信息对人的塑造过程。进入电子媒介时代后，线性思维方式可能被具有跳跃性的、多维度的思维方式所替代，激增的信息量也使得个体在电子信息时代价值观的塑造发生了翻天覆地的变化。在电视作为新兴媒介出现之际，波兹曼对比了印刷术与电视这两种媒介对于人类理性思维发展的作用。波兹曼对媒介的人性化曾提出一组问题，值得我们深思："（1）一种媒介在多大程度上有助于理性思维的应用和拓展？（2）媒介在多大程度上有助于民主进程的发展？（3）新媒介在多大程度上能够使人获得更多有意义的信息？（4）新媒介在多大程度上提高或减弱了我们的道义感，提高或减弱了我们向善的能力？"[1]这一系列诘问，同样适用于人工智能时代，能直接向借由人工智能技术诞生的新媒介、新算法进行发问。站在前人研究的基础上，我们既需要秉持一脉相承的学术思想，承上启下，研究人工智能技术衍生的新媒介是如何与个人的思维和社会民主进程产生勾连的，又要有新时代的关切，从互动的实质看待融合发展和社会变迁的进程。

麦克卢汉对传媒生态有个很经典的比喻，他将人比作鱼，将媒介环境比作水，人难以意识到媒介的存在就正如鱼难以意识到水的存在，但是水对于鱼而言又是必不可少的，因而在媒介环境中生存的人难免受到环境的影响和束缚，同时又会与环境产生互动。我们之所以把媒介环境和人机互动结合在一起考察，便是在一定程度上将智能传播的这种媒介环境看作未来社会中的一种常态，像水、空气一般会伴随个人生活的始终，那么，在交织的环境中，如何能够和谐共存以及彼此裨益就是一个关键问题。

对于深层次的媒介融合而言，互嵌得顺利与否很大程度上取决于人机互动的效果。这也是我们关注"互动行为"的原因。在兰德尔·柯林斯看来，

---

[1] 尼尔·波兹曼.媒介环境学的人文关怀[M]//林文刚,编.媒介环境学:思想沿革与多维视野.何道宽,译.北京:北京大学出版社,2007:47-49.

整个社会都可以被看作一个绵长的互动仪式链，人们在互动和不同的仪式类型中得到相互关注和情感连接，在互动的过程里，完成了瞬间共有的实在。[1] 媒介对社会的影响通常体现在具体的行为表现之中，本研究在讨论媒介技术的社会影响时，以人际互动关系作为切入点，关注新媒介的理论与应用如何与人际行为相勾连。

不难想象，泛化人工智能技术来讨论媒介对社会和媒介融合的影响需要有像伊尼斯、麦克卢汉之流的学术大家的深刻的思想性、厚重的历史积淀和天马行空的学术想象力才能完成，因此在本研究的核心部分将进一步聚焦于智能虚拟助手，以便更好地整合理论体系和研究成果。因为智能虚拟助手是当前人工智能技术在民用领域应用最广泛的典型代表之一，以智能虚拟助手作为本研究的主要研究对象，可以更加具象化地开展经验研究，摆脱"以概念套概念"的空洞论述。在媒介融合过程中，除了从客观层面考量媒体内容、内容与技术的融合，还需要将用户在媒体融合中所扮演的角色和作用一起纳入研究范畴之中，因为单方面的技术与内容的碰撞与创造始终是单薄的、不稳定的，只有同时从用户个体的视角出发，着眼于考察个体如何利用新旧媒介，将个体作为桥梁也好，润滑剂也罢，才能够填补"融合"之前的缝隙。因此，本研究主要基于媒介环境学的理论基础，从人机互动的视角来研究智能虚拟助手这种智能机器人如何对媒介环境和社会交往行为产生影响，未来个体、智能机器人和媒介环境如何共生的问题。

基于上述对媒介与人之间关系的研究，本书将主要围绕下述研究问题展开：（1）人工智能技术将会如何改变媒介生态环境？（2）人工智能产品的用户画像和用户感知是什么？（3）用户如何与智能虚拟助手互动及二者关系如何？（4）新型人机互动关系会对人际交往产生影响吗？（5）智能虚拟助手对人机共生关系的影响是什么？

五个研究问题之间的逻辑链条以层层递进、环环相扣式推进，研究问题

---

[1] 兰德尔·柯林斯. 互动仪式链 [M]. 林聚任，王鹏，宋丽，译. 北京：商务印书馆，2012.

（1）作为研究的引子，以背景导入的方式统领全书的研究基调，并奠定研究的背景基础，充分以媒介环境学的理论开启对个体主体性在环境中的问题探讨。研究问题（2）将研究对象具象化，针对个别人工智能技术和智能虚拟助手产品进行深入的用户研究，通过回答用户画像和用户感知的研究问题，研究能够将用户和智能语音助手间表层的联系勾连起来。研究问题（3）则是要突破浅层的用户画像描摹，更加深入地去探讨个体与智能虚拟助手的人机关系是如何通过互动行为构建的。研究问题（4）是在回答完第三个研究问题后，将论述视角从个体与机器的内部迁移到二者对外界产生的影响，从个体社会化的成长历程关注其对人际交往产生的影响。最后，研究问题（5）再一次从前三个研究问题的微观研究中抽身出来，通过对宏观视野的把握来回应和思考人机互动共生关系对媒介环境及社会变迁产生的影响。

图1.1是本书的研究框架，上述五个问题作为研究动因，通过定量研究针对用户画像研究了解人工智能产品整体用户市场偏好，再通过定性研究针对人机交互研究构建用户行为分析的理论框架模型。

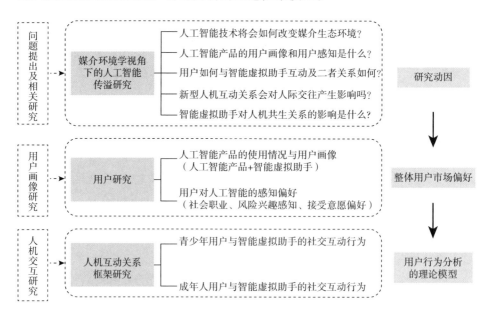

图1.1　研究框架图

1.4 研究创新点

首先，本书的创新体现在研究的切入视角，本研究基于人机互动行为视角来剖析人、智能虚拟助手和媒介环境的共生关系。本书系统梳理了智能机器人的演进发展脉络，同时剖析了当前智能虚拟助手应用中面临的问题，并在前人研究的基础上进一步将智能虚拟助手分为任务导向型助手和社交闲聊型机器人。此外，研究以问卷的形式了解目前人工智能产品用户的基本情况、用户画像以及认知偏好等，创新性地将不同智能虚拟助手产品的用户画像描绘出来，并且详细地刻画用户的产品使用情况和反馈。与此同时，研究还分析了人工智能对社会职业造成的影响，以及用户的风险感知和接受意愿。因此，本书的一大创新点在于刻画了用户在人工智能产品领域的认知、使用行为以及使用反馈等全方位的行为，该创新点的学术贡献体现在应用型研究层面，为用户行为分析、政策制定以及市场开发提供了良好的研究基础。

其次，本书的另一大创新点在于通过定性访谈和扎根理论方法提出了青少年和青年人与智能虚拟助手交互的研究框架，以及基于访谈结果和文献研究探讨智能虚拟助手对人际交往和社会变迁的影响。该创新点的学术贡献体现在理论研究层面，为人机交互关系研究奠定理论基础。

最后，本书关于人机互动共生以及对媒介环境的研究不再局限于从媒介技术和媒介形态本身来谈论媒介环境和媒介融合，而更多的是把个体嵌入媒介融合的整体进程中来考量，因为未来媒介的形态会发生变化，传播学的媒介研究将不再仅仅把人当成信息传递的对象来看，而是把人机互动的行为和人机关系作为推动媒介融合战略发展的重要评价指标。

1.5 研究思路与章节安排

1.5.1 研究思路

本书的总体框架和研究思路以从宏观到微观的视角逐层递进，在文献综述部分文章先从宏观层面梳理当前智能技术对于社会和媒介环境的影响，从哲学视角对人工智能技术进行梳理以及寻找未来人工智能技术发展方向的启示。而后从微观层面对研究开展细致的论述，将用户在智能媒体时代与人工智能技术互动的行为和态度纳入研究之中，关注他们在互动过程中的具体行为，力图从大关怀走向小生活，使整个研究更加具象丰满、立体和完整。

本书围绕人工智能技术与智能虚拟助手的具体应用展开，立足于媒介环境学和人际传播理论的研究视角，审视当前用户使用人工智能产品的现状、与智能虚拟助手的互动过程和态度，力图在研究中既包含智能机器人产品的现状分析，又提出人机互动关系的形成机制框架，从而回应人机互动对媒介环境、媒介融合及社会变迁的影响问题。

在本书的主要论述部分，第一，文章对智能机器人的演进史和发展史做了一些提纲挈领的回顾，将发展过程中的里程碑事件进行简要的梳理。第二，研究的是在新的媒介环境中用户对新人工智能技术的态度、认知和接受情况。第三，通过深度访谈获取数据资料，基于扎根理论的研究方法提取用户与智能虚拟助手的社交互动行为框架。并针对青少年和成年人分别论述其与智能虚拟助手的互动过程、情感连接和社会交往。第四，研究归纳分析当前媒介环境中智能虚拟助手带来的变化和影响，更深层次地探讨人机互动关系与媒介环境、人机共生关系、媒介融合及社会变迁的相互作用和影响。

1.5.2 章节安排

在论文内容的安排上，研究主要由十一个章节构成，主要结构和内容如下：

第一章为绪论，主要介绍研究缘起与研究背景、研究目的及意义、研究对象与研究问题、研究思路与章节安排、研究框架。

第二章为文献综述部分，将与本研究有关的理论基础和国内外相关的研究进行梳理和归纳。在理论基础部分主要对符号互动论和媒介环境学进行有关综述，在国内外相关研究进展部分，分为媒介技术发展与社会变迁、数字信息技术与媒介融合、媒介环境下的社会化过程、人工智能与人机互动、人机互动与人机共生关系五个部分，分别对其中涉及的理论和实证研究进行整理。

第三章为智能机器人的演进与发展部分。该部分主要是通过梳理文献的形式对智能机器人发展至今的情况进行整理，主要包括演进和发展过程，美国媒体在报道智能虚拟助手时的主题变迁情况，智能虚拟助手发展中的技术问题以及智能虚拟助手的分类方式。该部分为后面几个章节研究奠定背景基础。

第四章是人工智能产品的用户行为画像与用户感知，该章节在研究设计部分采用定量研究，对定量研究部分的抽样方式、研究对象、变量选取与问卷设计都进行了详细的说明。主要分析问卷数据中人工智能产品的使用情况与用户画像。

第五章是介绍一些智能虚拟助手的用户画像，如 Siri、微软小冰、小米小爱同学等。在本章节中具体分析了智能虚拟助手的用户群像和用户使用的基本情况。

第六章为人工智能社会的职业风险与用户对人工智能技术的感知偏好内容。详细阐述了人工智能对社会职业的影响、用户对人工智能技术的风险感知和接受意愿。

第七章是对定性访谈内容的扎根理论分析，本章对定性研究部分的研究对象选取、访谈提纲的设计和访谈的实施进行了具体的阐述。本章主要介绍了如何开展扎根理论分析，为研究人机互动行为及其社会交往过程奠定方法基础。该章节先对实施扎根理论的研究过程、编码概念框架进行阐述，随后构建本研究的扎根理论条件圈。

第八章分别对青少年用户和青年人用户群体的行为进行定性分析。研究分别观察了两类群体在新媒介语境下的智能虚拟助手的使用行为、与智能虚拟助手的关系及其情感依赖，最后基于扎根方法的应用总结两类互动行为过程。

第九章主要讨论智能虚拟助手对用户社会化及日常人际交往的影响，并深入讨论人机关系不断深化的过程中对于人机信任以及人机亲密关系的相关研究。

第十章研究人机互动关系对媒介融合效果和社会变迁的影响。分析人机互动对人际共生关系的发展、媒介融合效果以及归纳总结其对社会变迁趋势的影响。

第十一章是本书的最后一章，为研究结论与研究展望部分，总结了本书的主要研究结论和创新点，对研究不足进行了讨论，并对未来相关研究的深入进行了思考与展望，包括人机关系、媒介融合、技术与社会关系的思考与启示。

第二章

文献综述

初入传播学科门庭的人，最熟悉的莫过于施拉姆及其高度评价的传播学四大奠基人拉斯韦尔、霍夫兰、拉扎斯菲尔德、勒温。但仅涉猎这几位学者的研究传统和发展并不能总览传播学发展全貌和厘清发展脉络。胡翼青在其博士论文中另辟蹊径，不谈被视为主流传播学派的哥伦比亚学派、法兰克福学派等，反而聚焦于芝加哥学派的探讨，同时将杜威、查尔斯·霍顿·库利、帕克等学者纳入追溯传播学研究源头的体系之中。[1] 因为在黄旦、胡翼青等人看来，如果只是将传播学研究的视角局限于结构功能主义—行为主义的研究路径，那么可能会因对静止结构的关注而忽略与动态社会变迁的关系而带来传播学学科危机。结构功能主义的哲学基础是相信社会实在的绝对性，而芝加哥学派则认为社会事实是不断发展的，并且由社会互动构建。[2] 即便都是基于经验的研究，但研究范式还是存在天壤之别，因而，跳脱出早期四大奠基人圈定的传播学研究范畴的范式和藩篱，会使传播学研究视野更加开阔，体系更加完善。同时，胡翼青认为正是芝加哥学派将传播学从早期的新闻学、修辞学、演讲学等人文社会科学中剥离出来，有了相对明晰的研究范畴，即把"传播技术—社会关系、传播媒介—社会控制、信息互动—人"三组关系确立为研究范畴。[3] 本书也将以芝加哥学派的一些代表人物的主要学术观点作为理论基础，一方面是出于本书探讨传播情境、互动过程和媒介环境对社会变迁影响的需要，因为芝加哥学派将社会互动概念作为研究的基础；另一方面也是由于芝加哥学派诞生的社会背景与国内近些年的社会发展背景有相通

---

[1] 胡翼青．再度发言：论社会学芝加哥学派传播思想 [M]．北京：中国大百科全书出版社，2007：7.

[2] 胡翼青．再度发言：论社会学芝加哥学派传播思想 [M]．北京：中国大百科全书出版社，2007：41.

[3] 胡翼青．再度发言：论社会学芝加哥学派传播思想 [M]．北京：中国大百科全书出版社，2007：67.

之处，如城市化的进程和新科技带来的社会变迁。[1] 不可阻挡的城市化进程和新的传播技术改变了人们社会互动的方式，对社会发展产生了不可估量的影响，继而也创造了新的社会关系结构。

早期关于传播学研究的理论转向，可以通过对传播的界定管窥一二。约翰·杜翰姆·彼得斯在《对空言说——传播的观念史》一书中，通过探讨"交流的可能性"来厘清传播的本质，将交流的观念、传播与文化相勾连，将communication 一词的意义做了拓展。[2] 杜威对于"传播"的释义至少是双重的，"社会存在于传递与传播之中"[3]，在这一定义中他将传播分为传递和传播两层含义。在这两者中，"传递"是美国社会较为普遍的认识，是对"传递"技术的观察，也是将沟通和交流客体化的一种表现。只不过杜威更倾向于将传播赋予互动的特性，将其当成一种经验的交流共享行为。詹姆斯·凯瑞在《作为文化的传播》中更进一步地提出了传播的两种观念。他沿袭着杜威对传播的理解又做了延伸。我们对于传播的最直观的理解很多时候是基于传播的"传递观"，"传播是一个讯息得以在空间传递和发布的过程，以达到对距离和人的控制"。[4] 基于杜威的经验视角，正是人类的日常生活的经验塑造了人类的思想和生活，威廉姆斯将这种经验称为传播[5]，传播模式是贯穿于人类经验行为的总结和概括。凯瑞在此基础上提出了传播的"仪式观"，在这一观念指导下，传播不再局限于跨越时空的信息传递，而强调其"在时间上对一个社会的维系"，以及"共享信息的表征（representation）"。换句话说，凯瑞是从共享的传播观入手进行剖析，传播的"仪式观"强调的不是信息传递的功能，

[1] 胡翼青 . 再度发言：论社会学芝加哥学派传播思想 [M]. 北京：中国大百科全书出版社，2007：23-28.

[2] 约翰·杜翰姆·彼得斯 . 对空言说——传播的观念史 [M]. 邓建国，译 . 上海：上海译文出版社，2017：5-8.

[3] Dewey J. Democracy and Education[M]. New York：Macmillan Co, 1916：5.

[4] 詹姆斯·凯瑞 . 作为文化的传播 [M]. 丁未，译 . 北京：华夏出版社，2005：5.

[5] 詹姆斯·凯瑞 . 作为文化的传播 [M]. 丁未，译 . 北京：华夏出版社，2005：20.

而是建构一个有秩序、有共享意义的维系共同体的功能。[1] 基于传递观，我们对传播和媒介的研究，以往主要把重心放置在媒介的功能和媒介效果层面，而仪式观则关心的是媒介的呈现和介入在构建受众和用户的日常生活与事件中所扮演的角色，这是基于建构视角的研究路径。

基于芝加哥学派视角的传播学研究在不同学者的发展下，逐步形成两个传统——宏观的传播与社会生态理论和微观的符号互动论，前者亦被认为是技术主义范式 [2] 的前身强调对传播技术和媒介对社会的影响，后者则集中视角于人际传播领域。有效的交流过程很大程度上取决于互动行为是如何开展的。本书旨在研究在新的智能媒介出现后，人机互动共生关系对现实中人际关系和社会媒介环境的影响，既有微观视角的观照，同时也有对社会影响等宏观问题的思考，试图在这两者之间找到一条沟通的桥梁，使智能传播的研究在理论建构方面更具张力。

2.1 符号互动论

符号互动论关注社会现实中意义和价值的建构过程，尤其关注人类的社会交往过程中概念、意义和关系。从符号互动论视角探讨新出现的社会问题的复杂情况有着重要影响和意义。因此，可以通过人们之间的相互作用和交往过程中的本质来充分理解新的社会现象。关于个体和社会群体的互动研究可以回溯到以齐美尔为代表的社会互动理论以及以库利和米德为代表的符号互动论。在齐美尔看来，不同的社会交往互动行为构成了种种社会现象，社

---

[1] 詹姆斯·凯瑞. 作为文化的传播 [M]. 丁未，译. 北京：华夏出版社，2005：7.

[2] 胡翼青. 再度发言：论社会学芝加哥学派传播思想 [M]. 北京：中国大百科全书出版社，2007：227.

会交往形式亦是其社会学研究的主要对象。[1] 符号互动论是芝加哥学派的重要理论之一，是贯穿芝加哥学派学术思想的一条主线，同时也构成了芝加哥学派许多传播理论的基础。詹姆斯、杜威、库利的思想共同孕育了符号互动论的诞生，米德在继承了前人的思想的基础上建构了符号互动论，布鲁默承袭了米德的研究将符号互动论进一步发扬光大。

在孕育符号互动论的早期，詹姆斯对其发展有着非常重要的意义。詹姆斯将"自我"分为三个部分："物质自我""社会自我""精神自我"。其中，"社会自我"强调的是"关于与他人交往而形成的自我感觉"。[2] 这种社会自我是一种在互动关系中的自我想象，其与米德提出的"客我"以及戈夫曼的"拟剧论"有着强烈的渊源。依据詹姆斯对自我的阐述和界定，人可以建构多个社会自我的可能性反映了个体面对不同客体对象而产生不同的自我意识的情况。之所以说詹姆斯、米德关于"自我"一词的理解是一脉相承的，原因在于，米德认为对"自我"的认知源于社会经验，人只有将自身投入一定的社会情境，通过他人来反观自身，以语言作为媒介，从而才能将"自我"从个体本身抽离出来，把"客我"和"主我"结合成为完整的自我。一些学者在解读米德的"自我"观时认为米德对自我的结构分析是主体与客体、个人与社会的相互作用，只有当个体置身于某些社会群体的社会过程之中时，个体既完成了相对客观的对自我的审视，又形成独特的人类社会。[3] 因而，米德其实是将"主我"和"客我"之间的关系变成了一种动态的社会化过程，这种互动过程类似于人际传播主体间的交流。

库利对芝加哥学派以及符号互动论也产生了深远的影响，库利强调了互

[1]　柯泽. 帕克社会学理论中的传播思想及其反思 [J]. 武汉大学学报（人文科学版），2013，66（3）：113–119+129.

[2]　胡翼青. 再度发言：论社会学芝加哥学派传播思想 [M]. 北京：中国大百科全书出版社，2007：98.

[3]　王振林，王松岩. 米德的"符号互动论"解义 [J]. 吉林大学社会科学学报，2014，54（5）：116–121+174–175.

动行为具有社会建构作用，继而指出社会互动的本质是一种传播行为。[1] 库利的思想中提及了传播与个人的社会化进程和社会有机体形成的关系，揭示了传播行为对个人成长的影响。"传播与人的心智成长有密切关系……没有传播，人的心智无法发展为一个真正的人性（human nature），即处在一个既非人性也非野蛮的状态"[2]，传播是人性中的重要组成部分，因为只有在个体身处于传播过程中时，人的意识才能越来越复杂化，社会化程度才会由此不断提高。对于情绪的感知是以本能为基础的一种意识，这种意识正是在具有社会性交往意义的交流行为中得以发展，因为通过与他人的交往我们才得以扩展和丰富我们的内心经验。[3] 在库利（2020）看来："人的社会生命起源于与他人的交流。首先通过他对触摸、音调、手势和脸部表情的感受，而后又通过他逐渐掌握的语言来达到交流。"[4] 社会关系存在于人的观念交流之中，涉及人们之间的交谈和共情，因此从这一层面看，离开了与人的交流，人机之间形成的是一种机械关系，而非传统意义上的社会关系，从而对个体的社会行为产生影响。库利的"镜中我"理论是对詹姆斯"自我"理论的发展，揭示了自我的形成受到个人如何看待他人对自身评价的影响，这种想象会产生约束力，无形中驱动个体调整自身行为去适应社会期待。自我不断涌现于具体的角色扮演之中，不同的角色实际上与社会结构中的位置紧密关联。[5] 米德将语言作为标示个人行为特征以及在姿态对话中出现的一组符号，把各种符号相连接

[1] 胡翼青. 再度发言：论社会学芝加哥学派传播思想 [M]. 北京：中国大百科全书出版社，2007：128.

[2] Cooley C H. Social organization[M]. Beijing：Communication University of China，2013：48–49.

[3] 查尔斯·霍顿·库利. 人类本性与社会秩序[M]. 包凡一，王湲，译. 北京：华夏出版社，2020：73.

[4] 查尔斯·霍顿·库利. 人类本性与社会秩序[M]. 包凡一，王湲，译. 北京：华夏出版社，2020：3.

[5] 胡翼青. 再度发言：论社会学芝加哥学派传播思想 [M]. 北京：中国大百科全书出版社，2007：74.

就构成了一组行动。[1] 人类的交流方式很大程度上是借助于符号展开的，因为人的思维是借助某种符号来指称头脑中的某种抽象的意义和经验，一旦没有符号，交流将缺乏寄托之物，思维也成了无根的浮萍。米德最大的贡献就是用符号来将有反思能力的人与低等动物进行区分。人是运用符号进行语言和思想交流的高等生物，这也是为什么符号互动论者总是强调人类制造和使用符号的能力。[2] 米德在论述心灵与社会时，认为心灵是一种社会现象，个体经验具有强烈的社会性，因为经验产生于与社会的交互作用。[3] 从上述的分析中可以看出，米德认为心智是交流与符号互动的产物，心灵是通过交流而产生的。但就心灵和交流谁先于谁的问题，我们在这里不做过多的探讨，也不涉猎唯物史观和唯心论的问题，引出米德关于心灵与符号交流的观点只是为了强调在芝加哥学派的思想源流中传播是社会建构非常重要的基础。

米德思想的继任者布鲁默认为"人类的互动是由符号的使用、解释、探知另外一个人的行动的意义作为媒介。这个媒介相当于在人类行为中的刺激和反应之间插入一个解释的过程"。[4] 布鲁默列出了符号互动论的三大前提假设：（1）人类行为建立在事物所赋予的意义之上；（2）事物的意义是在人与人之间的社会互动过程中生成的；（3）意义可以被用来解释客观事物，同时意义是可以被使用和转化的。[5][6]

[1] 乔治·赫伯特·米德. 心灵、自我与社会 [M]. 霍杜恒，译. 北京：华夏出版社，1999：133.

[2] 胡翼青. 再度发言：论社会学芝加哥学派传播思想 [M]. 北京：中国大百科全书出版社，2007：193.

[3] 王振林，王松岩. 米德的"符号互动论"解义 [J]. 吉林大学社会科学学报，2014，54（5）：116-121+174-175.

[4] 胡翼青. 再度发言：论社会学芝加哥学派传播思想 [M]. 北京：中国大百科全书出版社，2007：103.

[5] Blummer H. Symbolic Interaction[J]. Edgewood Cliffs，1969：2.

[6] 胡翼青. 再度发言：论社会学芝加哥学派传播思想 [M]. 北京：中国大百科全书出版社，2007：187.

芝加哥学派城市社会学的代表人物帕克在继承齐美尔、库利和米德的有关互动研究的基础上提出关于社会控制的理论，将抽象出来的意义和价值经验的共同体称为"社会体"。这种"社会体"是一种符号环境[1]，是制约个体行为的外在抽象物。他认为所有人都会被外在环境影响个人行为，因而在这一机制下的社会互动无形中给予了个体自律和他律的社会规则。帕克用"角色"的概念联结了齐美尔与米德的思想，自我不断涌现于具体的角色的扮演之中，不同的角色实际上与社会结构中的位置紧密关联。[2]

戈夫曼是符号互动论的集大成者之一，又因其提出拟剧论和框架理论而成为芝加哥社会学派的启明星式学者。他的最重要的贡献之一就是将框架的概念引入社会互动中，将结构性概念与媒介环境相结合，用框架来理解约束个体互动行为的外部环境和规范，由此来观察和理解人们之间的互动行为的意义。此外，戈夫曼的拟剧论中，"角色"也是非常重要的理论视角，角色是一种外在于人的社会框架，人们通常是先将自己套进某个角色的身份后，以此来规范自己的行为，角色既存在于交流的情境之中，也内化于个体日常生活的行动里。在戈夫曼的拟剧论里，不同角色所传递信息是存在差异的，角色与个体的行为表现具有强关联性。

"社会互动"构成了社会要素彼此联结的行动，对塑造个体行为、人际关系和社会结构都发挥了重要作用。互动包含基于语言的沟通和非语言沟通的线索，其中基于语言的对话是日常生活情境中最主要的互动形式。在人机互动行为中，我们不免需要探讨自我与他者的互动关系：在与社会互动建构中如何促进自我的形成？与机器这一"他者"交谈互动的过程会对自我产生何种影响？

---

[1] 柯泽. 帕克社会学理论中的传播思想及其反思 [J]. 武汉大学学报（人文科学版），2013，66（3）：115.

[2] 胡翼青. 再度发言：论社会学芝加哥学派传播思想 [M]. 北京：中国大百科全书出版社，2007：74.

2.2　媒介环境学

胡翼青在爬梳了芝加哥学派的发展脉络后，在其博士论文的最后一章关于传播学学科革命的讨论中提到，传播生态学是在综合技术主义范式、符号互动论与文化研究等理论思潮的基础上，大约在 20 世纪 80 年代发展起来的，由于它在发展中采用了大量的各学派的理论主张和研究方法，其理论的整合性特征较为突出。[1]根据何道宽对传播学学派的划分，可以粗略分为经验学派、批判学派和媒介环境学派[2]，前两个学派分别以北美和欧洲为主要阵地，发轫于 20 世纪初的媒介环境学在麦克卢汉、伊尼斯、波兹曼、保罗·利文森等人的开拓发展中逐渐奠定了在传播学中的地位。

媒介环境学是将媒介当作环境，亦可说把环境当作媒介来研究，其最主要的是研究媒介与社会的互动共生关系。[3]林文刚（Casey Man Kong Lum）认为，我们可以通过（1）作为感知环境的媒介和（2）作为符号环境的媒介这两个层面来理解媒介环境。前者继承了麦克卢汉的"媒介是人（感官）的延伸"，认为每种媒介都具有一定的感官特征；后者则是从符号结构的视角来想象人是如何构建和理解媒介的。[4]与早期主流的传播学研究范式不同的是，早期传播学研究中人是被放置在媒介之外进行研究的，而媒介环境学则是主张人是身处于媒介环境中，是深刻参与进媒介中从而完成交流的目的。因此，媒介

[1]　胡翼青.再度发言：论社会学芝加哥学派传播思想 [M].北京：中国大百科全书出版社，2007：373.

[2]　何道宽.媒介环境学：从边缘到庙堂 [J].新闻与传播研究，2015，22（3）：117–125.

[3]　林文刚，编.媒介环境学：思想沿革与多维视野 [M].何道宽，译.北京：北京大学出版社，2007：10，30.

[4]　林文刚，编.媒介环境学：思想沿革与多维视野 [M].何道宽，译.北京：北京大学出版社，2007：27–28.

环境学将人、技术和文化三者皆列为研究重点，除了关注媒介和技术的特性及其可能产生的社会影响，还突出了人的主体性，考察了三者之间的交互关系，并旨在研究技术和媒介如何对社会、文化还有人产生长效影响。[1][2] "媒介与人互动的方式给文化赋予特性……这样的互动有助于文化的象征性平衡。" [3] 通过尼尔·波兹曼对于媒介环境学的人文关怀的视角，我们不难看出波兹曼希望通过践行媒介环境学的思想来制衡不平衡的社会主流思想，以此将世界变成一个充满"健康"和"平衡"的媒介环境。这是一种关于媒介可能性的想象，也正是这种想象使媒介环境学的研究不再只局限于经验性的定量研究，而将目光投射到更抽象的层面。总的来说，媒介环境学其实是从新的视角，即通过分析媒介造就的环境特质及其社会演变来理解人类社会。不过，对于波兹曼而言，由于他在研究中加诸了强烈的道德关怀，他认为应该在道德伦理的语境下去研究媒介，因而，关注的研究问题是电子媒介带来的媒介环境是否使人们的生活变得更好或更糟。[4] 而每一个人心中都有一个来评判媒介好坏的标准，对于麦克卢汉而言，有助于平衡感官的媒介就是比较好的，而伊尼斯则强调的是时空观念的平衡。麦克卢汉将媒介比喻为粮食、棉花等大宗商品，依赖大宗商品容易把商品当作社会纽带来接受，如果人们过于依赖某类媒介也会在潜意识里接受媒介塑造的文化景观。[5] 凯瑞指出，不仅如麦克卢汉所说，媒介塑造了环境，传播也通过语言和其他符号形式塑造了人类生存

[1] 何道宽. 媒介环境学：从边缘到庙堂 [J]. 新闻与传播研究，2015，22（3）：117–125.

[2] 黄鸿业. "媒介即意识"：人工智能＋媒体的媒介环境学理论想象 [J]. 编辑之友，2019，39（5）：43–48.

[3] 尼尔·波兹曼. 媒介环境学的人文关怀 [M]// 林文刚，编. 媒介环境学：思想沿革与多维视野. 何道宽，译. 北京：北京大学出版社，2007：44.

[4] 尼尔·波兹曼. 媒介环境学的人文关怀 [M]// 林文刚，编. 媒介环境学：思想沿革与多维视野. 何道宽，译. 北京：北京大学出版社，2007：44–45.

[5] 马歇尔·麦克卢汉. 理解媒介——论人的延伸 [M]. 何道宽，译. 北京：商务印书馆，2000：50.

的周遭环境。[1] 因为在他看来传播行为所涉及的内容甚广，如对话、传达指示、传授知识、分享观点、获取信息、娱乐或为他人提供娱乐，这些都可以被认为是传播行为。在媒介环境学研究中，一个重要的理论假设命题是"界定信息性质的是媒介的结构"。[2] 媒介的物质结构传递出来的符号特征塑造了人们对信息的感知体验，比如比较小说和由小说改编而成的电影，即便两者遵循同样的叙事逻辑和故事情节，但是由于小说和电影运用的是不同的符号结构，两者所能传递给受众的信息也是截然不同的，这就是媒介如何影响受众的信息感知的生动例子。也正因为如此，随着媒介形态的变迁，需要进一步探究在不同媒介形态下的媒介环境对个体的影响。

关于电子媒介的研究，约书亚·梅罗维茨通过观察现实生活中人们的实际行为，发现电子媒介（如电视）对于人们真实行为的影响，他研究将面对面交往的类型与基于媒介进行交往的形态结合起来，既吸纳了戈夫曼的拟剧论思想，又将麦克卢汉媒介是感官的延伸融会贯通，创造性地从社会"场景"结构的视角来分析为什么人们在电子媒介时代,社会交往行为会发生变化。"移动网络时代的地理媒介，将在场、远程在场、虚拟远程在场加以融合，创造了更加多元的在场和缺席状态。……媒介就是在场本身，媒介构成了多样化的在场与多重现实。"[3] 梅罗维茨论及场景时提到电子媒介对社会场景分割和融合时，会对个人的日常社会行为表现产生影响，结合戈夫曼的拟剧理论，人们在这种被分割或被融合的场景中可能会出现"更深的后台或更前的前台"，

[1] 詹姆斯·凯瑞.作为文化的传播[M].丁未,译.北京:华夏出版社,2005:12.

[2] 林文刚,编.媒介环境学:思想沿革与多维视野[M].何道宽,译.北京:北京大学出版社,2007:30.

[3] 孙玮.交流者的身体:传播与在场——意识主体、身体—主体、智能主体的演变[J].国际新闻界,2018,40（12）:83–103.

抑或是"侧台和中区"的行为。[1] "场景的分离使得行为分离。"[2] 这一切都取决于电子媒介具有跨越时空的属性，原本成块状分离的场景和场景内部的角色及共享信息都被整合，打乱了早期个体在不同场景中的角色体验和认知，这必然会造成个体在新媒介状态下有一个混乱的阶段，继而去适应新媒介环境带来的影响，调整自己在新环境中的行为表现和角色身份。

媒介环境学另一个重要的理论假设是"传播技术促成的各种心理或感觉的、社会的、经济的、政治的、文化的结果，往往和传播技术固有的偏向有关系"。[3] 新技术的出现必然带来传播方式的变化，变化的方向与技术本身偏向和技术形态的属性有着密切关系。只有厘清智能机器人塑造的新媒介环境中信息如何被编码、被传播和被接收的全流程，才能洞察机器与人互动时可能产生的社会影响。这也是本研究为何以媒介环境学为理论基石来讨论智能传播时代机器人技术对社会变迁的影响。

2.3　媒介技术发展与社会变迁

2.3.1　媒介技术与社会变迁

媒介迭代更新反映的是媒介变迁史的进程，甚至可以说从媒介变迁的历程中看到科学技术对人类社会影响的缩影，因为在不同历史时期不同媒介勾勒了大多数人们的日常生活。从芝加哥学派的理论视角出发，基于库利对交流、

---

[1]　约书亚·梅罗维茨. 消失的地域：电子媒介对社会行为的影响 [M]. 肖志军, 译. 北京：清华大学出版社, 2002：48.

[2]　约书亚·梅罗维茨. 消失的地域：电子媒介对社会行为的影响 [M]. 肖志军, 译. 北京：清华大学出版社, 2002：37.

[3]　林文刚, 编. 媒介环境学：思想沿革与多维视野 [M]. 何道宽, 译. 北京：北京大学出版社, 2007：31.

传播的社会建构功能的评价，他将传播视为社会形态变迁的根本动因。此后，帕克、伊尼斯等后继的芝加哥学派的传人也延续该思想脉络，将传播行为与社会变迁进程相关联进行考察。伯吉斯在研究中指出传播技术的变迁是作为衡量社会变迁的指标之一，同时传播技术发展水平还可以用来测量人类文明的进程和社会组织的发展阶段。[1] 正如伊尼斯在《传播的偏向》里强调的时间和空间观念都反映媒介对文明的意义。[2] 在伊尼斯看来，种种媒介都有其偏向，有些媒介倚重时间，而另一些则倚重空间，还有一些有着政治组织和宗教组织的偏向。对于媒介而言，它试图改变人们对于时间和空间的感知和体验。因此，伊尼斯对比口语和文字的区别时，突出印刷文字这一新媒介的出现对个体和文明的重要影响，他认为希腊的口头传统以及口语词对文明具有影响和重要意义，因为口语词有丰富的表现力，相比之下，文字对语言的影响确实是有限的。[3] 也正是因为如此，伊尼斯偏好口头传播，他对于用书面传统代替口头传统的倾向表现出了一定的担忧——新的传播技术可能会给交流带来阻碍，因为报纸、电台这种面向大众传播的方式阻碍了双方的沟通和理解，可能会造成一种语言垄断。不过，库利和波兹曼则是推崇印刷传播带来的社会效用，认为印刷技术和文字使得经验的流通范围扩大，突破了时空的限制，并将一部分人与这部分经验建立起联系。但研究者认为，文字和印刷术的出现极大程度上改变了社会形态，同时对于统治阶级和被统治阶级的力量博弈起到推动作用。因为对于大众来说，知识和思想的进步和传播的确离不开文字和印刷术的贡献，一方面语言本身能够将个体头脑中不确定的思想以某种形式确定下来并赋予明确的形态，极大地提高了个人进行抽象思维的能力，另一方面也有利于新思想的传播。

---

[1] 胡翼青 . 再度发言：论社会学芝加哥学派传播思想 [M]. 北京：中国大百科全书出版社，2007：154.

[2] 哈罗德·伊尼斯 . 帝国与传播 [M]. 何道宽，译 . 北京：中国传媒大学出版社，2015：38.

[3] 哈罗德·伊尼斯 . 帝国与传播 [M]. 何道宽，译 . 北京：中国传媒大学出版社，2015：39–41.

保罗·利文森提出了补救性媒介的概念，具体来说，是指录音、录像技术弥补了广播、电视技术的即时性问题，因而录音机和录像机的出现是作为一种补救性的媒介在发挥作用的。[1]不过，他也从批判的视角指出这种补救性的行为将是无终止的，因为补救性媒介的出现可能会带来新的问题，而这些新的问题又将留待下一个新媒介的出现来解决。这也成为技术进步和发展的动力来源之一，一边创造新技术，一边解决旧问题。早期新媒体的使用方式与旧媒体相差无几，有助于新旧媒体的交替切换，后来在发展过程中新媒体构建起属于自己的共鸣和可能性，产生新的意义和关系。[2]以媒介技术发展的视角为基准，技术本身是不会自主进化的，其进化的方向在很大程度上会受到受众需求的推动，同时还承载着文化进行媒介形态演化和更迭。麦克卢汉之所以强调媒介是人的延伸，是因为人们在使用媒介时需要动用自己的感觉器官，报纸延伸的是人的视觉，收音机延伸的是人的听觉，电视延伸的是人听觉、视觉的组合。那么未来，智能机器人作为媒介出现在我们日常生活中，似乎不再只是延伸，而是复制了人类的多种感官功能，因为未来的新媒介是有着多种功能的机器人。

库利尖锐地指出，即便媒介更新本身是一个积极的、进步的象征，但是这种新技术打破的是旧有的社会关系和社会秩序，因此，伴随新技术而来的是新规则的建立与重塑。帕克在研究城市社会学时也关注了技术与社会变迁的关系，他试图论证由于交通和通信技术革命的出现使得旧有社会中亲密、持久的以初级联系为主的社会关系被短暂的次级联系所取代，因为交通和通信设备的便利化推动个人的流动变得更加频繁和容易，在这种流动过程中，随着与日俱增的社会接触而来的是肤浅和不稳定的社会关系的建立。

我们必须要认识到媒介技术其实具有媒介意识形态的隐蔽性，这提醒人

[1] 保罗·利文森.软边缘:信息革命的历史与未来 [M].熊澄宇,等译.北京:清华大学出版社,2002:111.

[2] 南希·拜厄姆.交往在云端:数字时代的人际关系 [M].董晨宇,唐悦哲,译.北京:中国人民大学出版社,2020:159.

们在面对每一种新技术时，要透过它的实际用途去仔细辨别它可能带来的文化影响和社会秩序的影响，避免陷入盲目乐观主义的精神状态，同时也要对媒介技术所带来的风险保持敏感度。人们在与技术日常打交道的过程中，逐步意识到移动技术及其后不断衍生出的新奇应用已经在日常生活中扎根，并带来潜移默化的影响。但是幡然醒悟之际，也意味着我们需要思考技术是如何影响媒介生活并剥夺人类原先的生活方式的。那我们又该如何驾驭技术，使技术保持向善的发展，这是先于技术发展探讨技术未来发展可能性的必要性原因之一。以雪莉·特克尔的研究为例，她是学界较早关注手机作为人们交流中介所产生问题的学者，在她一系列的研究中提倡的并不是反对技术发展，而是更加积极地呼吁人们成为"另一种技术消费者"，更加具有辨识能力地分辨在技术领域哪些是对人类有所裨益的，哪些是在腐蚀人类本性的。[1] 正是因为有这样警惕的态度和批判性观察的视角，使其始终在手机及其他数字技术发展过程中关注人际关系的发展和影响。

当前，笔者的研究关注在人工智能时代媒介技术与社会变迁的关系，主要是从技术、受众、媒介三个主体着手，研究三者之间的关系来洞察社会变迁的趋势。卡斯特在《网络社会的崛起》一书中就强调"必须把革命性的技术变迁过程摆放在该变迁过程发生与形塑的社会脉络之中"。[2] 因而，离开社会变迁的大背景去单纯讨论技术就会陷入技术虚无主义，只有不断联系实际，才能在技术发展过程中找到现实映射和探讨技术与社会的关系。

2.3.2　技术与创新扩散的关系

人类学家最早建立了扩散研究的传统，随后在多个学科呈现出多点开花的态势，尤其在传播学领域，创新扩散理论被认为是传播学的经典理论之一。

---

[1] 雪莉·特克尔.重拾交谈[M].王晋，边若溪，赵岭，译.北京：中信出版集团，2017：27.

[2] 曼纽尔·卡斯特.网络社会的崛起[M].夏铸九，王志泓，等译.北京：社会科学文献出版社，2001：5.

20 世纪 60 年代中期，创新扩散研究在各个学科的研究壁垒开始被打破，形成跨学科的扩散研究范式，并不断完善和优化研究方法。[1][2] 过去 20 年间大多数学术研究追随罗杰斯的脚步在电子 IT、互联网、社交媒体、医疗、农业等领域继续探索创新扩散规律。[3]1962 年，罗杰斯提出创新扩散理论，研究发现接受创新的过程呈"S"形曲线规律。具体而言，他将创新扩散理论定义为"创新在特定的时间段内，通过特定的渠道，在特定的社群中传播的过程。它是特殊类型的传播，所包含的信息与新观点有关"。[4]1969 年，Bass 提出对发展创新扩散模型具有里程碑意义的新产品扩散模型。[5] 新技术和新产品的扩散不仅关乎技术本身，许多学者还开展了关于个体对新技术的接受和使用研究，提出计划行为理论（Theory of Planned Behavior，TPB），技术接受模型（Technology Acceptance Model，TAM）等理论模型，Venkatesh 等还将 TAM 与 IDT 结合起来提出技术采纳与使用整合理论（Unified Theory of Acceptance and Use of Technology，UTAUT）[6]，为创新扩散研究发展提供了一个经典框架。当前，一些研究者在讨论新的信息通信技术（Information Communication Technology，

[1] E.M. 罗杰斯 . 创新的扩散（第五版）[M]. 唐兴通，郑常青，张延臣，译 . 北京：电子工业出版社，2016：43–47.

[2] 何琦，艾蔚，潘宁利 . 数字转型背景下的创新扩散：理论演化、研究热点、创新方法研究——基于知识图谱视角 [J]. 科学学与科学技术管理，2022（6）：17–50.

[3] Dedehayir O, Ortt R J, Riverola C, et al . . Innovators and early adopters in the diffusion of innovations: A literature review[J]. International Journal of Innovation Management, 2017, 21（08）：1–22.

[4] E.M. 罗杰斯 . 创新的扩散（第五版）[M]. 唐兴通，郑常青，张延臣，译 . 北京：电子工业出版社，2016：7.

[5] Bass F M. A new product growth for model consumer durables[J]. Management science, 1969, 15（5）：215–227.

[6] Venkatesh V, Morris M G, Davis G B, et al . . User acceptance of information technology: Toward a unified view[J]. MIS quarterly, 2003：425–478.

ICT）时经常将 TAM 和 IDT 作为理论基础共同指导研究。[1] 何琦等人利用知识图谱描绘 2000 —2020 年间国内外创新扩散研究的主题演变趋势，发现早期研究主要围绕创新扩散展开基本要素的机制研究，中期结合网络结构分析进行研究方法和具体的影响因素研究，近些年来将数字技术创新扩散作为研究重点，利用仿真模型分析动态的创新扩散过程。[2]

有研究基于社会经济地位的差异调查卫生领域创新技术的采用和传播模式，发现社会经济地位高的个体往往是卫生领域技术创新的早期采用者。[3] 个体的社会经济地位越高，越有可能处于传播网络的中心位置，因为他们可能凭借较高的受教育程度获取更多的信息，在非正式社会结构中可能占据明显的地位。[4] 罗杰斯的研究说明个人的交际圈会影响接受创新的意愿，有着相似背景的人（如物理和社会地位上的接近性）对新事物的态度较为一致，也就是说，同质性越高的群体环境会使个体间交流更容易，也更容易接受创新。[5] 因为不同性别、年龄、城市、受教育程度、社会经济背景的人们，他们的媒介品位是存在差异的 [6]，所以会造成创新扩散阻碍。

网络结构也会影响个体采纳新事物的意愿和程度，从而影响创新扩散的

[1] Al-Rahmi W M，Yahaya N，Aldraiweesh A A，et al. . Integrating technology acceptance model with innovation diffusion theory：An empirical investigation on students' intention to use E-learning systems[J]. Ieee Access，2019，7：26797–26809.

[2] 何琦，艾蔚，潘宁利 . 数字转型背景下的创新扩散：理论演化、研究热点、创新方法研究——基于知识图谱视角 [J]. 科学学与科学技术管理，2022（6）：17–50.

[3] Weiss D，Sund E R，Freese J，et al. . The diffusion of innovative diabetes technologies as a fundamental cause of social inequalities in health. The Nord-Trøndelag Health Study，Norway[J]. Sociology of Health & Illness，2020，42（7）：1548–1565.

[4] Lin N，Burt R S. Differential effects of information channels in the process of innovation diffusion[J]. Social Forces，1975，54（1）：256–274.

[5] E.M. 罗杰斯 . 创新的扩散（第五版）[M]. 唐兴通，郑常青，张延臣，译 . 北京：电子工业出版社，2016：7.

[6] 丹尼斯·麦奎尔 . 受众分析 [M]. 刘燕南，李颖，杨振荣，译 . 北京：中国人民大学出版社，2006：42.

速率。[1] 有研究者认为异质化的网络结构有利于不同观念的激荡，提高传播覆盖率。弱连带优势论认为随机网络能够连接较为分散的个体，减少扩散冗余从而提高传播覆盖率。[2] 社交媒体增加了扩散过程中的异质参与者，使个体所在的社会环境更具异质性，在空间上能够集聚不同领域的行动者来讨论创新思想，促使意识形态氛围更加开放、包容，同时这也有助于创新采纳主体产生更强的尝试新事物的意愿。[3] 相反，另一些学者认为，同质性会加快创新传播速度，因为聚集网络的冗余能够强化个体的采纳行为[4]，同质性涉及个体之间的相似程度，这种相似包括文化程度、社会地位等多方面的相似。[5] 蔡霞等学者从社会网络结构视角研究创新扩散，发现社会网络越聚集，创新扩散速度越快。[6] 密集的社会网络以及信息技术的频繁使用习惯有助于加快创新扩散的过程，减少时间对于社会渗透率的作用。针对上述同质性和异质性的分歧，邱泽奇等在一项模仿与创新的研究中通过精细化研究领域，把创新扩散研究与创新研究相区别来回应二者的效果差异，指出创新扩散研究的是同质性不断扩大的动力机制，而创新研究则强调的是差异化竞争，因此异质性对创新涌现的机制具备效用。[7] 除了网络动力，用户特征也具有复杂性和异质性，麦

[1] Phelps C, Heidl R, Wadhwa A. Knowledge, networks, and knowledge networks: A review and research agenda[J]. Journal of management, 2012, 38 (4): 1115–1166.

[2] Watts D J. Small worlds: the dynamics of networks between order and randomness[M]. Princeton university press, 1999.

[3] Kiesling E, Günther M, Stummer C, et al. . Agent-based simulation of innovation diffusion: a review[J]. Central European Journal of Operations Research, 2012, 20: 183–230.

[4] Centola D, Eguíluz V M, Macy M W. Cascade dynamics of complex propagation[J]. Physica A: Statistical Mechanics and its Applications, 2007, 374 (1): 449–456.

[5] E.M. 罗杰斯. 创新的扩散（第五版）[M]. 唐兴通，郑常青，张延臣，译. 北京：电子工业出版社，2016：365.

[6] 蔡霞，宋哲，耿修林. 社会网络结构和采纳者创新性对创新扩散的影响——以小世界网络为例[J]. 软科学，2019，33 (12): 60–65.

[7] 邱泽奇，黄诗曼. 熟人社会、外部市场和乡村电商创业的模仿与创新[J]. 社会学研究，2021，36 (04): 133–158+228–229.

奎尔认为受众这个群体实际上是不断变化的集合体，他们的媒介动机和媒介取向常常是混杂的或者是随机的，不过即便缺乏清晰的边界，混乱之中依旧存在"稳定而有秩序的岛屿"。[1] 在创新扩散网络中，个体所处网络中的同质性和异质性也会间接影响用户接触创新的渠道和驱动因素。

2.3.3　技术与社会的关系

技术与社会的关系在不同研究范式下关注的重点存在差异，如果我们把两者的关系放置在媒介环境学范式下讨论，大致可以被划分为三个连续的理论流派，分别是技术软决定论、文化—技术共生论、技术硬决定论。通常我们熟知的技术决定论是技术发展理论中最具影响力的流派之一，也是被批判得最多的理论之一。它强调的是技术的自主性和决定性，以及其对社会的决定性影响力量。极端的技术决定论认为技术与社会的变化是单向的决定关系。[2] 雷蒙·威廉斯通过对麦克卢汉的研究进行深刻的批判，建立了技术的社会形塑论。在社会形塑论看来，技术如何被利用是一个社会和政治选择的问题 [3]，卡斯特也在讨论网络社会时认为社会能够掌握技术与技术如何形塑社会有较大关系。[4] 在媒介研究中，人们常以媒介决定论指代技术决定论，综观媒介环境学者的论述，其实将媒介环境学派与技术决定论者简单地画上等号实则是过于鲁莽了，如保罗·利文森在《软边缘：信息革命的历史与未来》一书中总结了硬媒介决定论和软媒介决定论两种概念，这是从媒介学家的视角对技术决定论进行阐释和解读，更加细致地探讨基于信息系统的媒介对社会的

[1]　丹尼斯·麦奎尔.受众分析 [M].刘燕南，李颖，杨振荣，译.北京：中国人民大学出版社，2006：106.

[2]　李明伟.知媒者生存：媒介环境学纵论 [M].北京：北京大学出版社，2010：218.

[3]　特里·弗卢，徐煜.借鉴过去，规划未来：媒介史对数字平台的启示 [J].全球传媒学刊，2019，6（1）：103-114.

[4]　曼纽尔·卡斯特.网络社会的崛起 [M].夏铸九，王志泓，等译.北京：社会科学文献出版社，2001：8.

影响。软媒介决定论认为信息技术只是提供了事物发生作用的可能性，但是其对社会产生的影响是由诸多因素共同作用的结果，而非信息技术直接作用的绝对结果。而硬媒介决定论则认为信息系统对社会具有绝对的影响，会产生不可避免的社会结果。[1]综合来看，硬媒介决定论固化了媒介技术的绝对影响力，而软媒介决定论则是给了一些回旋余地，但不论是硬媒介决定论还是软媒介决定论，都是将媒介技术放置在了中心位置，起着关键的、不可或缺的作用。

不过，技术决定论与早期新闻媒介效果中魔弹论有着相似的生命历程，随着人们对于技术和社会之间关系认识的深入，技术决定论受到越来越多学者的批判和质疑。可以说，技术决定论的失效很大程度上是由于人们对于选择权的觉醒，人们有能力以及有权利选择在何时使用某种技术和媒介，人们会基于自身判断选择适合自己的方式，尽可能将控制权牢牢把握在自己的手里。这种控制力的感知也成为人们接受新技术时的重要影响因素。因而，人的自主性和人在使用技术时的参与程度成为我们分析媒介影响时不可回避的重要因素。人的自主意识的觉醒赋予了人们在与技术博弈时的抗衡力量，也诞生出了二者共生论的雏形。

居中的文化—技术共生论相对来说是一种不偏不倚的立场，既不会对媒介技术抱有偏见，也不会过度强调人的能动性因素。[2]因为媒介在社会中的进化和演变过程，与自然界生物体进化有着巨大差异，其最大的不同就在于人作为参与主体，是有主观能动性、思维、选择和判断能力的，其态度和选择也在作用于环境。因此，技术进步所选择的环境通常被感情而不是理性所支

---

[1] 保罗·利文森. 软边缘：信息革命的历史与未来 [M]. 熊澄宇，等译. 北京：清华大学出版社，2002：3-4.

[2] 林文刚，编. 媒介环境学：思想沿革与多维视野 [M]. 何道宽，译. 北京：北京大学出版社，2007.

配。[1] 在这样的过程中，环境对技术变迁所造成的影响要远远大于人们的预期。在梁颐看来，文化/技术共生论与软媒介决定论的共同点在于否认了媒介技术影响力的绝对排他性，但与其区别在于"互动"的影响效果，即媒介技术与其他事物之间是否存在双向的互动的关系。[2] 梁颐在文章中通过梳理媒介环境学十二位主要学者的思想也进一步厘清了技术与社会关系的理论发展脉络以及个人、技术力量和环境之间的力量平衡关系，明确指出格迪斯、芒福德、尼尔·波兹曼、保罗·利文森是生态技术决定论者，林文刚认可文化—技术共生论，前者从生态学的视角更加强调平衡、和谐与融合。[3] 从技术视角来看，人机交互与人机共生越来越侧重信息模态的泛化，认知层次的升维和人机主体的融合。[4]

随着大语言模型的出现与发展，许多学者认为新的人工智能技术的涌现将会对社会关系发生深刻的社会变革与冲击。例如，2023 年斯坦福大学和谷歌的研究者开发的斯坦福"虚拟小镇"的程序，通过大语言模型与计算交互式智能体实现融合，深度模拟人类行为。[5] 该研究通过 25 个 ChatGPT 在小镇生活复现小镇生活过程，他们的行动几乎与真人无异，智能体有各自的职业、生活以及社交圈子，每一个小镇智能体"居民"都有自己独特的个人故事。该程序的出现预示着未来智能技术的进一步发展会带来一个基于数据的虚实交互的世界运行规则。[6]

[1] 保罗·利文森. 软边缘：信息革命的历史与未来 [M]. 熊澄宇，等译. 北京：清华大学出版社，2002：10.

[2] 梁颐. 媒介环境学者与"技术决定论"关系辨析 [J]. 新闻界，2013，29（19）：1–8.

[3] 梁颐. 媒介环境学者与"技术决定论"关系辨析 [J]. 新闻界，2013，29（19）：1–8.

[4] 向安玲，许可. 人机何以交互：理论溯源、范式演变与前景趋势 [J]. 全球传媒学刊，2023，10（5）：88–105.

[5] 陈昌凤. 智能平台兴起与智能体涌现：大模型将变革社会与文明 [J]. 新闻界，2024（2）：15–24+48.

[6] 陈昌凤. 智能平台兴起与智能体涌现：大模型将变革社会与文明 [J]. 新闻界，2024（2）：15–24+48.

2.4 数字信息技术与媒介融合

关于新旧媒介的讨论自从媒介更迭以来就从未停息，讨论的范畴既包括一方取代另一方，也包括两方如何共存。伊尼斯基于传播的偏向视角提出，一种新媒介的引进会遏制旧媒介的偏向。[1]麦克卢汉对新旧媒介关系的评价是，"一种新的媒介绝不附着于一种旧媒介，它也绝不会让旧媒介安安稳稳。它绝不会停止压迫陈旧的媒介，直到它为这些陈旧的媒介找到新的形式和新的位置"。[2]在麦克卢汉的观念里，这两者之间必然存在谁取代谁，以何种方式取代的关系。而在梅罗维茨看来，新媒介的出现并不意味着要毁坏或取代旧媒介，两者之间最终可能实现融合。因为新媒介改变社会的方式及形成的新的社会秩序是建立在旧秩序基础上的，也就是说，新媒介带来的社会影响除了取决于技术进步带来的新特性，还取决于它在多大程度上改变了旧媒介的既定模式。因此，当我们看到广播、电视、网络相继出现于社会生活中，因为相互渗透的可能性而存在共生共存的状态，从某种层面上来说，媒介融合是个必然性命题，只不过无外乎是融合后的媒介形态保留了多少旧媒介的生存空间和媒介特点。比如羊皮纸、印刷术出现后几乎完全取代了在石头上刻字的传播方式，但是电脑和互联网等数字技术出现后仍为电视留下了生存空间。

梅罗维茨提到了一个"媒介矩阵"的概念，我认为其可以更加清晰地厘清这些媒介之间的关系，他强调媒介并不是孤立存在的，新旧媒介存在于同

---

[1] 哈罗德·伊尼斯. 帝国与传播 [M]. 何道宽，译. 北京：中国传媒大学出版社，2015：209.

[2] 马歇尔·麦克卢汉. 理解媒介——论人的延伸 [M]. 何道宽，译. 北京：商务印书馆，2000：222.

一个时空中相互作用，同时连接成一张更大的网络。不同类型的媒介可能内部高度相关。[1] 这种媒介矩阵就反映了多种形态媒介共存的现状，并且相互存在补充作用，只有在彼此之间融合程度恰到好处时，矩阵才能保持稳定。就如同分子结构的稳定性取决于双螺旋空间结构的稳定性，媒介融合最终要实现的状态就是结构空间的稳定状态。因为在新的媒介进入矩阵后，矩阵的内在结构会发生调整，同时会对社会行为造成影响，这种影响不是单一媒介决定的，而是融入了新媒体的媒介生态对社会行为的影响。因而，在数字信息技术和人工智能技术蓬勃发展的趋势下，新的媒介层出不穷，以势如破竹的状态冲击着旧媒介的地位，在全媒体体系打造完成之前，媒介矩阵会以一种不稳定的状态持续发生改变，但最终所有媒体都会走向一个聚合的态势，完成彼此之间功能结构的勾连与转换的进程。在这一过程中，社会行为也会发生相应调整，而后，会出现一个技术稳定期，呈现一个结构较为稳定的媒介矩阵。所以社会行为也是一个与之动态调整的状态，这就为研究新媒介融合历程中的社会行为提供了必要性支撑。

此外，数字信息技术的发展和科技的进步不断在为媒介技术赋能的同时丰富了媒介的可供性（affordance）。[2][3] 这种新技术携带的社会可供性（social affordance）为我们思考未来生活提供了无限可能，人工智能在媒体行业的应用推动了智能化时代智能媒体的建立与发展。网络技术的可供性塑造着人们如何参与网络社交的行为模式[4]，用户如何与平台发生交互，这是平台可供性和技术可供性延伸出来的有关人机交互（Human-Computer Interaction，HCI）

[1] 约书亚·梅罗维茨. 消失的地域：电子媒介对社会行为的影响 [M]. 肖志军，译. 北京：清华大学出版社，2002：330.

[2] 喻国明，赵睿. 媒体可供性视角下"四全媒体"产业格局与增长空间 [J]. 学术界，2019，34（7）：37-44.

[3] 陈虹，杨启飞. 无边界融合：可供性视角下的智能传播模式创新 [J]. 新闻界，2020，36（7）：33-40.

[4] 张杰，马一琨. 语境崩溃：平台可供性还是新社会情境？——概念溯源与理论激发 [J]. 新闻记者，2021，39（2）：27-38.

领域的研究问题。研发一款新的技术和媒介工具比研究如何应用新技术和媒介工具更好地促进信息传播来得更加容易，但作为研究者，要保持一种社会敏感性，不仅关注是什么，更关注为什么和怎么办。换句话说，即在为新技术欢欣鼓舞之际，关注如何融合以及如何使融合过程润物细无声般嵌入人类生活，才是研究技术与媒介的关键性所在。正如黄鸿业在讨论 AI+ 媒体时谈到技术有着天然的功利性，与其结合往往能够更好地实现目标，比如机器人撰稿实现了媒体报道即时性的目标，智能推荐和信息分发系统满足了媒体精准投放的需求，这些都较好地融入当前媒体产业。[1] 将技术与具体的媒介融合实践相结合才能够凸显技术的实际功用。

值得注意的是，为什么在文章中使用的词是"媒介融合"，而不是"媒体融合"，因为相较而言，媒介融合是一个更泛化的概念，也正因其泛化，才可以更好地表达我们对媒介的认知，它既可以包罗万象，又可以指代明确。而"媒体"一词，过于具象化，很容易使人直观等同于大众媒体、社交媒体这些具体可感的事物，局限了概念和理论的张力和想象力。段鹏认为全媒体是"中国媒体融合面对人工智能技术的大格局而形成的独特思想结晶"。[2] 在企鹅智酷联合清华大学新媒体研究中心共同发布的《智媒来临与人机边界：2016 中国新媒体趋势报告》[3] 中首次提出了智媒的概念，报告指出，智媒是以技术为导向的一种媒介形式，智媒时代，以人为主导的媒介形态开始被打破，各种智能物体及新技术的交互融合，推动传媒产业链的新变革。

[1] 黄鸿业 . "媒介即意识"：人工智能 + 媒体的媒介环境学理论想象 [J]. 编辑之友，2019，39（5）：43–48.

[2] 段鹏 . 智能化背景下全媒体传播体系建构现状研究 [J]. 中国电视，2020，39（5）：48–51.

[3] 智媒来临与人机边界：中国新媒体趋势报告 [R/OL].（2016-10-14）[2018-05-25]. https://cloud.tencent.com/developer/article/1135740?areaId=106005.

2.5　新型技术媒介重塑个体社会化过程

2.5.1　个体社会化过程

"一个人从生物体变成社会人的过程就是人的社会化过程。"[1] 在这个过程中，人们逐步成为他们生活中符合社会规范和遵循社会规则的社会成员，不断增强社会性，减少由生物本能驱动的行为。因而在社会生活中，人的行动不再是由本能驱动，而是受到社会规范和文化的影响，梅罗维茨将其称为"社会化是一个'成为'的过程"。[2]

有些社会心理学家认为，社会化通常指的是发生在个体出生之后到成年之前的这段时间，尤其是童年和青少年时期，这是对社会化狭义的理解。而另一些学者从广义层面理解社会化，则强调社会化是相当长的和缓慢的过程，甚至是贯穿人的一生。因为当个体进入不同的群体之中或者新的社会环境中时，都面临一个角色的转换或者是新规则的熟悉，都需要学习和掌握新的社会知识，此后这一阶段也可以被称为"继续社会化"或者"再社会化"。不过，即便社会化贯穿人之始末，但是不可否认的是青少年时期仍旧是个体社会化最关键的时期，20世纪早期关于"狼孩"的发现和在"被隔离情况下长大的孩子"在成长中所遇到的问题都充分说明人在幼年时期进行社会化的重要性。此外，过往有关社会化的研究表明，社会的迅速变迁是使青少年遭遇社会化困境的重要因素。因为迅速变化的社会会带来各种新现象和新观点，青少年的思想实际上也处于各种文化、规范、价值观等思想观念的流变和激荡之中，

[1]　王思斌.社会学教程(第四版)[M].北京：北京大学出版社，2016：46.

[2]　约书亚·梅罗维茨.消失的地域：电子媒介对社会行为的影响[M].肖志军，译.北京：清华大学出版社，2002：54.

很难形成一种稳定的社会人格。上述这几点也正是解释了本书在探讨智能机器人与用户互动关系以及用户与机器人相处时的态度倾向时，要将青少年作为典型群体与成年人进行区分的重要原因。

在传统的社会化过程中，个体是在家庭、学校等场所成长，有时会通过与同龄群体在角色扮演中完成适应性过程。当个体身处于传播过程时，通过游戏在互动行为中传递知识，在互相纠正的行动中掌握实践规范，个体的意识变得越来越复杂化，社会化程度由此不断提高。

社会化的过程是双向的，参与到社会化过程中的人不仅在成长中学习社会化，同时也在社会化着他人。既是被社会化者，又是使他人社会化的因素，因而这也是为什么说社会化进程是在与人交往的社会互动过程中完成的。这也是我们在论及社会化历程的时候，既强调家庭、学校的教育，又强调同伴间的人际互动，如果缺乏与人互动过程中学习到的交往知识，对个体未来的成长会形成较大的阻力。库利认为，一个人的自我意识的形成与他所参与的社会互动行为有关。[1]

随着电子媒介的发明创造与普及，新的媒介对于人际交往互动造成了一定的冲击。不过，在梅罗维茨看来，电子媒介的诞生为创造一种一体化的社会意识提供了可能，改变了以往传统的社会化进程。新的媒介创造了一个新的"社区"，在这个社区中，全国乃至全世界的人可以共享内容，一些电子媒介上的内容可以成为"社区"中的人所共有的经历。就这点而言，这是更深层次的美国的"城市化"的含义——电子媒介的信息将人们的态度和行为引入一个相似的模式和相同的"地点"。[2] 打破时空局限的新的电子媒介也带来了社会化地点的弱化，因为电子媒介摆脱了地点空间隔离的束缚，让处于不同社会化阶段和社会化过程的人之间的界限变得模糊，新媒介从而改变了人

---

[1] 王思斌. 社会学教程（第四版）[M]. 北京：北京大学出版社，2016：72-74.

[2] 约书亚·梅罗维茨. 消失的地域：电子媒介对社会行为的影响 [M]. 肖志军，译. 北京：清华大学出版社，2002：137.

的社会化进程。[1] 此外，媒体还具有社会性的属性，人们对待媒体的态度可以很自然地流露出某种社会特征，将媒体进行有社会角色的情境带入，因而媒体拥有其社会角色似乎就是合乎情理的。因为对于社会交往中的个体来说，给交往对象设置或者套入某个社会角色是人们本能地减少社会的不确定性的一种方式。当媒体有了一个特定的角色，就如同它们有了明显的个性，使个体误以为对它们了解更深刻和全面。[2] 相较而言，人工智能技术的发展则拓展了信息源的实体身份，因为智能聊天机器人既摆脱了原初人际交往时面对面交流的假设，又破除了对社会交往对象属性的刻板印象，赋予机器以意义。因此，在人机互动中表现出社交行为的机器人也会反过来影响人类对社会性的理解。基于此，研究者认为电子媒介带来的是基于场景的信息系统扩散，而人工智能技术带来的是基于对象演化的人机关系升级，后者强调的是人与机器间的互动行为，其互动过程会影响个体的社会化进程。

2.5.2 媒介与场景

以戈夫曼为代表的场景主义者在分析社会交往时主要集中讨论了面对面的交往，而忽略了通过媒介而展开的交往形态，但无论是基于场景还是基于媒介的互动理论视角，从本质上来看，只是接触的介质上的区别，面对面交往接触的介质是具有生物属性的人，而基于媒介展开的交往接触的对象是机器。在梅罗维茨看来，如果把场景理解为是一种信息系统，那么能更好地打破物质场所和媒介中介的区分。[3] 从电子媒介诞生至今，信息系统成为最为恰当的概括信息集散地的专有名词，智能机器人也同样是基于信息系统不断演

---

[1] 约书亚·梅罗维茨. 消失的地域：电子媒介对社会行为的影响 [M]. 肖志军，译. 北京：清华大学出版社，2002：149–150.

[2] 巴伦·李维斯，克利夫·纳斯. 媒体等同：人们该如何像对待真人实景一样对待电脑、电视和新媒体 [M]. 卢大川，等译，上海：复旦大学出版社，2001：124.

[3] 约书亚·梅罗维茨. 消失的地域：电子媒介对社会行为的影响 [M]. 肖志军，译. 北京：清华大学出版社，2002：34.

进的，它既解决了原初交往时同一地点面对面交流的假设，又符合基于媒介的交往过程，为媒介理论和场景理论相汇集提供了一个最佳的观察对象。因此，当前的这篇研究就是试图在人工智能技术飞速发展的当下，研究以不断拟人化的机器人为介质的人机互动形式展开的社会交往形态。新的智能技术可能带来媒介融合的结果，那随之而来的也是虚拟场景发生的变化，当场所出现融合或者分割，原先设定的规则也要发生改变。短期的融合带来的是些许的不适应，而长期的融合趋势则孕育着新的社会交往模式，完成从常态过渡到新常态的变化。

媒介理论家和场景主义者注重的媒介是如何影响整体的环境结构的？[1]梅罗维茨对场景概念进一步泛化做了详细的解释，他强调对人们交往起实质作用的是社会信息获取和流动模式，而非物质场地本身，因为场地的流动性较弱，但人们切换交往模式往往是更为灵活的。[2]社会信息的类型多样，包括新闻、闲谈、政治活动、日常交际以及与交往有关的内容。每一个场景都有其特定和具体的场景规则和角色身份。人们在现实生活中进行交往时，总是会面临场景限定，常常会需要根据当前的场合决定自己的说话方式和行为，梅罗维茨在场景与行为方面的论述在很大程度上借鉴了戈夫曼的拟剧论，他认为人们会做出不恰当的社会行为部分原因是由于他们没有成功协调各种场景的需求。柯林斯的互动仪式链的理论基础也是源于戈夫曼的理论，是关于情境的理论，是将情境动力学作为分析的起点和基础。

梅罗维茨在提到新媒介在角色转换中的作用时提到社会化阶段中，要预测新媒介对社会化角色影响的方法之一就是针对不同年龄、不同背景的人进

[1] 约书亚·梅罗维茨.消失的地域：电子媒介对社会行为的影响 [M].肖志军，译.北京：清华大学出版社，2002：31.
[2] 约书亚·梅罗维茨.消失的地域：电子媒介对社会行为的影响 [M].肖志军，译.北京：清华大学出版社，2002：33.

行研究。[1] 这提示了研究者在研究智能虚拟助手这种新媒介出现时，要针对不同年龄段的群体去探讨新媒介对研究对象社会化过程的影响。

2.6 人工智能技术驱动人机互动迈上新台阶

2.6.1 具身传播

早期关于人工智能在新闻传播领域的研究主要是从工具理性视角对技术能够实现的功能和应用研发进行探讨。但随着人工智能技术向更深层次发展，研究者对其应用和影响进行了更抽象式的讨论。在当前的新型传播方式下，我们讨论身体的在场与缺席已不局限于以往的思维逻辑，新的传播实践中存在大量身体缺席的场景，并且随着技术的演进，新型的在场和缺席方式正在不断涌现。[2] 根据"身体参与传播活动的完整度"，媒介形态可以分为四个阶段："身体媒介""无身体媒介""身体化媒介""类身体媒介"[3]。这些阶段与技术发展水平密切相关，不同阶段的媒介形态伴随着社会思潮的变迁。机器人和智能体的出现，革新了身体的意义，促使我们对于身体的定义也需随之改变，不仅指向从生物体的实体到隐喻式的身体，更是指向基于技术创造的仿真身体。如果说约翰·杜翰姆·彼得斯在《对空言说——传播的观念史》中谈论的 19 世纪的无线电技术以及电话、电报、广播、留声机等媒介，是通过影像、声音来创造出一种虚拟性的远程在场的方式，新的人工智能技术创造出的智

[1] 约书亚·梅罗维茨.消失的地域：电子媒介对社会行为的影响 [M].肖志军，译.北京：清华大学出版社，2002：56.

[2] 孙玮.交流者的身体：传播与在场——意识主体、身体—主体、智能主体的演变 [J].国际新闻界，2018，40（12）：83-103.

[3] 刘明洋，王鸿坤.从"身体媒介"到"类身体媒介"的媒介伦理变迁 [J].新闻记者，2019（5）：75-85.

能体,则是还原身体(不论机械装置的机器人还是加入智能仿真皮肤的机器人)在传播中的作用和方式与人类进行交流。新的传播技术尤其强调交互性,在人与机器之间,交互作用是衡量传播效果的重要指标。

关于"技术化的身体"这一研究主题,英国肯特大学的社会学教授克里斯·席林(Chris Shilling)在其论著中进行了比较详尽的分析,阐明了技术与身体是如何交互作用的,身体在赛博空间中与技术的关系。[1] 赛博格(cyborgs)是机器与有机体的混合体[2],以虚拟技术复制身体使得"在场"和"缺席"失去原义。赛博人(cyborg)至少呈现了三种在场方式——携带自己的肉身、离开自己的肉身、进入其他的身体,从而"将人与技术的双重逻辑、实体空间与虚拟世界双重行动交织互嵌在一起"。[3] 孙玮指出"身体"这一研究议题的重要性在大众传播学兴盛时被严重忽视,甚至站在跨时空交流的对立面,作为消极因素存在,因为信息的散播和远距离传输旨在强调超越个体身体的局限而实现大众传播的目的。[4] 然而,他进一步论证随着新技术的来临,"身体研究"的重要性被重新树立,"传播理解为一种社会性的身体实践",身体在传播学领域的研究被重新激活。[5]

伊格尔顿对文化研究中否定身体能动性的观点提出质疑,认为不应该把身体当作"被媒介塑形、操纵的客体",而是应该将"身体纳入交流者的主体

[1] Shilling C. The body in culture, technology and society[M]. United Kingdom: Sage Publications, 2004.

[2] 周丽昀. 克里斯·席林"技术化的身体"思想评析[J]. 自然辩证法研究, 2009, 25(12): 39-44.

[3] 於春. 传播中的离身与具身:人工智能新闻主播的认知交互[J]. 国际新闻界, 2020, 42(5): 35-50.

[4] 孙玮. 交流者的身体:传播与在场——意识主体、身体—主体、智能主体的演变[J]. 国际新闻界, 2018, 40(12): 83-103.

[5] 孙玮. 交流者的身体:传播与在场——意识主体、身体—主体、智能主体的演变[J]. 国际新闻界, 2018, 40(12): 83-103.

性范畴中"。[1] 即"所谓技术具身，意味着技术已经融入到我们的身体经验中，它不能被理解为外在于身体的工具。当前的新传播技术的鲜明特点就是，技术越来越透明化，越来越深地嵌入人类的身体，越来越全方位地融入我们的身体经验"。[2] 海勒（Katherine Hayles）说，在信息技术时代，人类的两个身体分别是，"表现的身体以血肉之躯出现在电脑屏幕一侧，再现的身体则通过语言和符号学的标记在电子环境中产生"。[3] 智能技术使得藏在电脑背后的主体是人还是机器这一问题的答案变得模糊不堪，一串串机器学习的代码模仿着人类的语言和符号系统在电子环境中生成了一个全新的主体。

2.6.2 机器与意识

对于强人工智能的界定，在是否需要具备人类的"意识"（consciousness）方面普遍存在一些争议。不少研究者认为人工智能"无法描述或解释心理过程本身，因为心灵具有意向性，而计算机没有，也不可能有"。[4] 这也是对于人工智能的批评的核心所在，即人工智能不具备"可解释性"，认为神经网络是黑盒子，并未给人们解释它的运行过程，也因此没有提供知识。乔姆斯基在他和克劳斯对话中谈到"机器可以思维吗"这个话题时，他通过反问"潜艇会游泳吗"来表明机器人可以具备"有意识"的性质，但是机器人是否有意识这个问题仍有待商榷。[5] 根据费根鲍姆的知识原则（knowledge principle），一个系统之所以能展现被认为是比较高级的理解行为，是因为它在这个所从

[1] 孙玮. 交流者的身体：传播与在场——意识主体、身体－主体、智能主体的演变 [J]. 国际新闻界，2018，40（12）：83–103.

[2] 孙玮. 交流者的身体：传播与在场——意识主体、身体－主体、智能主体的演变 [J]. 国际新闻界，2018，40（12）：83–103.

[3] Hayles N K. Unthought：The power of the cognitive nonconscious[M]. University of Chicago Press，2017：6.

[4] 玛格丽特·博登. 人工智能哲学 [M]. 刘西瑞，王汉琦，译. 上海：上海译文出版社，2001：7.

[5] 尼克. 人工智能简史 [M]. 北京：人民邮电出版社，2017：21.

事的领域表现出足够多的特定知识：概念、方法、比喻及启发等。[1] 保罗·莱文森认为，"生命和追求自我利益还是思维的必要条件，虽然说它说不上是充分条件"。[2] 因而，从某种层面来看，保罗·莱文森的这个观点还是从存在论出发的，因为当前对人工智能的设计是缺少生命系统的属性的，也就是说，没有考虑"生命"是思维的基础，思维本质上是一种生命活动。但这种思考也顺理成章地得出另一个结论就是，要想使机器学会思考，首先需要有人造生命。黄鸿业基于西方哲学对存在和意识的划分，说明 AI 是一种社会存在，而非自然存在，那也就意味着承认意识是存在于人工智能体之中的。[3]

不得不承认，"机器是作为人类的智能辅助存在，还是作为像人类一样拥有着独立智能的客体而存在？"这类问题从阿西莫夫一系列关于机器人的科幻小说中就开始萦绕在读者心中。"19 世纪，机器获得了据说是只有人类才具有的能力（如语言能力、记忆能力），人类与动物之间在智力和物理上的隔膜已经变得越来越可以相互渗透。"[4] "认知科学也经历了不同工作范式的转换和竞争：从最初的符号主义到联结主义再到行为主义，从最初的问题求解程序发展为人工神经网络及至人工生命的研究，从符号计算推进为神经计算乃至进化计算。"[5] "智能机器将工具高效性与数据灵活性紧密结合，使其不仅在技术层面具备全面自动化的趋势，更在心灵层面展现出与人类智能类似的选择性、意向性乃至创造性。"[6]

自从图灵将机器和智能这两个话题摆在了研究之中，关于两者的关系就

[1] 尼克.人工智能简史 [M].北京：人民邮电出版社，2017：72.

[2] 保罗·莱文森.莱文森精粹 [M].何道宽，译.北京：中国人民大学出版社，2007：65.

[3] 黄鸿业."媒介即意识"：人工智能＋媒体的媒介环境学理论想象 [J].编辑之友，2019，39（5）：43-48.

[4] 约翰·杜翰姆·彼得斯.对空言说——传播的观念史 [M].邓建国，译.上海：上海译文出版社，2017：351.

[5] 阎平凡，张长水.人工神经网络与模拟进化计算 [M].北京：清华大学出版社，2000：357.

[6] 赵静宜.智能传播发展的逻辑严谨研究 [M].北京：中国社会科学出版社，2023：143.

始终存在两派的争论，一派坚持认为实现人工智能必须通过逻辑和符号系统来设计机器，另一派则是认为通过对人脑的仿造，即造一台机器来模拟大脑中的神经网络就可以实现人工智能。"当计算机在说话时，证实了独立的智能吗，或者它们只是被美化了的鹦鹉？"[1]保罗·利文森谈到言语和思维的问题时，认为言语和思维与人类生命形式的出现息息相关，他主张："抽象思维只在很小程度上预示了抽象言语交流能力的产生。……抽象语言（包括言语和思维）是人类产生的必要条件。"[2]1949年，杰弗逊教授曾在演说中提出一个观点："只有在机器能够凭借思想和情感，创作出一首十四行诗或一支协奏曲，而不是只是符号的随机拼凑时，我们才会认同机器与大脑是一样的。也就是说机器不仅要创作出来，而且要意识到它是自己创作的。任何机制都感觉不到（不仅仅是人工信号或简单装置）成功的喜悦，也不会因为困难而郁郁寡欢，因为阿谀奉承而沾沾自喜，因为犯错误而闷闷不乐，因为性爱而神魂颠倒，也不会因为事与愿违而暴跳如雷或一蹶不振。"[3]杰弗逊教授关于机器对于人脑的仿拟提出了必须具备意识和情感的主动流露才能被认为是与人脑有共同的运转机制，因为他认为简单的机器装置是不会像人类大脑产生各式各样情绪起伏变化的，而这种丰富的情感性是智人的主要特征之一，因而否认了机器成为意识主体的可能性。

1950年，图灵（Turing）发表了名为《计算机器与智能》（*Computing Machinery and Intelligence*）的论文，探讨了什么是人工智能的问题。在这篇文章中图灵通过一个实验提出人们如何辨别计算机是否真的会思考，计算机是否真的具备人类智能的问题。图灵让测试者和计算机进行对话，但测试者并不知道屏幕背后的对话者是谁。如果测试者在实验中无法分辨与其对话的

[1] 保罗·利文森. 软边缘：信息革命的历史与未来 [M]. 熊澄宇，等译. 北京：清华大学出版社，2002：203.

[2] 保罗·利文森. 软边缘：信息革命的历史与未来 [M]. 熊澄宇，等译. 北京：清华大学出版社，2002：3.

[3] 尼克. 人工智能简史 [M]. 北京：人民邮电出版社，2017：275.

对象是人还是计算机，同时该情况的比例超过 30%，那么计算机就被认为是通过了图灵测试，具备了人工智能。根据图灵测试的实验内容，我们可以认为最早关于智能机器人的概念和原型可以追溯到 20 世纪 50 年代。计算机回答得正确与否并不是衡量与评价其是否属于人工智能的主要标准，计算机在对话过程中的表现在多大程度上近似于人才更为重要。

1966 年，魏曾鲍姆（Weizenbaum）发明了一款自然语言对话系统 Eliza，但是相较于现如今的智能机器人，当时设计 Eliza 时用到的仅是比较浅层的技术，如简单的关键词匹配映射技术，即把用户输入的关键词和机器输出的关键词进行匹配[1]，从实现效果来看就是，Eliza 的许多对话几乎都是在重复测试者输入的部分关键词。因此，Eliza 的设计从本质上来看，与其说是一种智能，不如说更类似于应声虫的模仿，根据设计好的代码程序来模仿和重复人类输入的关键字，试图达到类人工智能的效果。但从语言学的视角出发，乔姆斯基则认为，所有的语言，不论是人工的还是自然的，都遵循类似的句法结构，并强调"语言的结构是内在的，而不是通过经验习得的（acquired）"，但语言又是一种社会现象。[2] 机器语言是一种被迫行动（compelled to act），人的语言是一种具有主动性的行为（incited inclined to act），那么两者之间的最大差异就在于创造性的区别，因此，乔姆斯基提出人对语言的创造性使用能力（creative aspects of language use）是人性的标志。[3] 不过，智能聊天机器人的出现就意味着即便机器在进行无意识的对话，人们仍然能够与其交流。我们将要习惯交谈对象已不再局限于生物体，而是扩展至机器、程序，以及可能被赋予人性、

[1] Shawar B A, Atwell E. Chatbots: are they really useful? [J]. Journal for Language Technology and Computational Linguistics, 2007, 22（1）: 29–49.

[2] 尼克. 人工智能简史 [M]. 北京: 人民邮电出版社, 2017: 132.

[3] 尼克. 人工智能简史 [M]. 北京: 人民邮电出版社, 2017: 134.

社会规范、情感属性的社会行动者（Computer As a Social Actor， CASA）。[1][2]

维特根斯坦在《哲学研究》（*Philosophical Investigations*）中认为"用语言对话是活动或者说是生命的一部分"，人类的语言是带有意义和情感的表达，而计算机的语言是冰冷的，没有感情的，尼古拉斯·卡尔认为如果要让计算机理解人类交流的话，不一定要强行让计算机理解自然语言，可以逆向行之——让人类使用机器语言，也能促进人机之间的互动和理解。[3]

对这一问题的深入探讨必然会涉及机器是否能独立思考的问题，因为只是简单地基于代码程序，重复程序员的预先设定、重复人类话语逻辑并非机器智能的体现。只有当机器可以像人一样学会推理逻辑、学会思考，我们才会承认它是真正的人工智能。早期在创造技术脑的讨论中，就有人指出"专家系统"可以完成复杂的任务，其主要特点就是能够完成非常聪明、专业的人才能完成的任务，只不过可靠性不尽如人意，同时还缺乏常识（common sense）。[4][5]

当人类设计出能够说话的机器人时，一方面意味着人工智能技术得到了长足的进步，另一方面则意味着我们将要习惯交谈对象可能不再局限于生物体，而可能是机器、程序，而后人们会将机器作为行动者（Computer As a Social Actor），对其赋予人性、社会规范，以及情感。[6]具体表现为，人们会把计算机或者其他机器无意识地当成真实的人，并无意识地将社会规则运用

[1] Nass C，Moon Y. Machines and mindlessness：Social responses to computers[J]. Journal of social issues，2000，56（1）：81–103.

[2] 牟怡，许坤.什么是人机传播？——一个新兴传播学领域之国际视域考察[J].江淮论坛，2018（2）：149–154.

[3] 尼古拉斯·卡尔.数字乌托邦：一部数字时代的尖锐反思史[M].北京：中信出版社，2018：248.

[4] 保罗·莱文森.莱文森精粹[M].何道宽，译.北京：中国人民大学出版社，2007：63.

[5] Minsky M L. Why people think computers can't[J]. AI magazine，1982，3（4）：3–15.

[6] Nass C，Moon Y. Machines and mindlessness：Social responses to computers[J]. Journal of social issues，2000，56（1）：81–103.

到它们身上，比如对它们表现得非常有礼貌。[1] 与此同时，人类通常还会将像种族偏见、性别刻板印象也同样迁移到机器人客体上。一项在大学里的研究表明，大约有 50% 的人在与机器人对话之前会与机器人打招呼（如输入"Hello"），而这种问候的出现预示着接下来他会与机器人进行更友好、更有礼貌的对话。[2] 正如 Nass 和 Moon 的研究强调的那样，机器具有的一些类似于人类特征的线索是激发用户对其产生社会反应（Social Response）的重要因素。[3]

谈话是测验人工智能的标准之一，但是现有技术下如果让智能系统越长时间地与人类进行对话，那么它们暴露其机器属性的可能性越大。保罗·利文森在谈论到人工智能时提及蛋白质沙文主义观点持有者认为智能来自 DNA，智能是具有生命的生物体所独有的，是否具备思考能力也是生物和非生物之间的重大区别。上述对智能的讨论是基于"蛋白质沙文主义"的逻辑框架进行的，而实际上我们尚不清楚智能的起源，跳脱出这个框架，乐观主义者的态度是认为未来可能创造出真正独立的人工智能。[4] 那么，对于如何界定计算机是否具备智力和思考能力，跳脱出简单的图灵实验，同时参考人工智能拥护者马文·明斯基的思考或许有所裨益。马文·明斯基在 1956 年的达特茅斯会议上提出了他对智能机器的看法，智能机器可以从抽象模型中找寻问题的解决办法，正如他在《情感机器》一书中写到的他的目标，"解释人类大脑的运行方式，设计出能理解、会思考的机器，然后尝试将这种思维运用到理

[1] Reeves B, Nass C. The media equation：How people treat computers, television, and new media like real people[J]. Cambridge, UK, 1996, 10（10）：19–36.

[2] Lee M K, Kiesler S, Forlizzi J. Receptionist or information kiosk：how do people talk with a robot？[C]//Proceedings of the 2010 ACM Conference on Computer Supported Cooperative Work. 2010：31–40.

[3] Nass C, Moon Y. Machines and mindlessness：Social responses to computers[J]. Journal of social issues, 2000, 56（1）：81–103.

[4] 保罗·利文森. 软边缘：信息革命的历史与未来 [M]. 熊澄宇，等译. 北京：清华大学出版社，2002：205–206.

解人类自身和发展人工智能上"。[1]马文·明斯基主张寻找计算机和人类智能可能相似的证明，而不是千方百计证明计算机如何可能进行人类的思考。[2]从而，基于行为主义者的观点，他们拒绝把计算机是否具有独立的智能的答案等同于判断计算机是否所有的行为都是经过人为设计的——如果其不存在自发性的创造性活动，那么它无法真正实现无条件的思想和行为，这样的思维逻辑可能不符合信息革命未来的趋势。[3]有关计算机智能可能性的争论很多，并且这些争论几乎是从不同层面展开。以思维为例，一些人认为思维可以形式化，这种形式化的思维的存在为人工智能具有思维能力提供了前提条件，但是不少批评的观点则坚持"即便逻辑和（某些）科学推理能够通过规则模型化，日常思维却不行"。[4]因而，关于常识问题是否能够公式化、公理化、形式化的问题，存在较为鲜明的分歧。

2.6.3 人工智能与拟人论研究

技术视角下的人机交互是泛在且模糊的，许多人机交互继承了人类工程学的范式，机器更多时候被认为是辅助对象，工具理性占主导地位。[5]智能聊天机器人是一种能够与人进行对话并参与社会交往的、具有拟人化特征的算法智能体，能够表达情感并建立社会联系。[6]以 Siri、小冰、Replika、ChatGPT

[1] 马文·明斯基.情感机器 [M].王文革，程玉婷，李小刚，译.杭州：浙江人民出版社，2016：6.

[2] 保罗·利文森.软边缘：信息革命的历史与未来 [M].熊澄宇，等译.北京：清华大学出版社，2002：209.

[3] 保罗·利文森.软边缘：信息革命的历史与未来 [M].熊澄宇，等译.北京：清华大学出版社，2002：208-209.

[4] 玛格丽特·博登.人工智能哲学 [M].刘西瑞，王汉琦，译.上海：上海译文出版社，2001：14.

[5] 向安玲，许可.人机何以交互：理论溯源、范式演变与前景趋势 [J].全球传媒学刊，2023，10（05）：88-105.

[6] 韩秀.情感劳动理论视角下社交机器人的发展 [J].青年记者，2020（27）：81-82.

等为代表的各类智能语音助手、聊天机器人以及生成式 AI 不仅能够协助日程管理、辅助文字工作，甚至有些可以满足陪伴需求、提供社会支持、提高用户的心理韧性（psychological resilience）和幸福感，从而改善用户的心理健康。[1][2]智能聊天机器人的出现与发展，使人机互动行为进化到"对话模式"。[3] 具有社交属性的智能聊天机器人的拟人化行为使人机关系日益复杂化。[4]

拟人论（Anthropomorphism），指的是我们倾向于在非人类实体（如动物、神和物体）中看到类似人类的特征、情感和动作。[5] 拟人论可以从不同方面进行概念化，比如心智、情感、意图、意识和自由意志等。[6]

在人机交互领域的研究者一直试图探索赋予计算机以人性化的方式及可能性。对于技术乐观主义者而言，"给计算机以人性"是一件技术向善的事，因为这正日渐成为智能机器设计的口号。[7]

目前，有许多开发者将机器人的外观设置成动物的外形，比如海豹（Paro）、狗（Genibo）和恐龙（Pleo）等，这种形似动物的玩具可以被用于治疗孤独症、

[1] Miner，A. S.，Milstein，A.，Hancock，J. T. Talking to machines about personal mental health problems[J]. JAMA，2017，318（13）：1217–1218.

[2] Jiang，Q.，Zhang，Y.，Pian，W. . Chatbot as an emergency exist：Mediated empathy for resilience via human–AI interaction during the COVID-19 pandemic[J]. Information processing & management，2022，59（6）：103074.

[3] 王颖吉，王袁欣.任务或闲聊？——人机交流的极限与聊天机器人的发展路径选择 [J]. 国际新闻界，2021，43（4）：30–50.

[4] Brandtzaeg P B，Skjuve M，Følstad A. My AI friend：How users of a social chatbot understand their human–AI friendship[J]. Human Communication Research，2022，48（3）：404–429.

[5] Epley N，Waytz A，Cacioppo J T. On seeing human：a three-factor theory of anthropomorphism[J]. Psychological review，2007，114（4）：864.

[6] Waytz A，Heafner J，Epley N. The mind in the machine：Anthropomorphism increases trust in an autonomous vehicle[J]. Journal of experimental social psychology，2014，52：113–117.

[7] 巴伦·李维斯，克利夫·纳斯 . 媒体等同：人们该如何像对待真人实景一样对待电脑、电视和新媒体 [M]. 卢大川，等译 . 上海：复旦大学出版社，2001：76.

老年痴呆等场景中。但是有研究表明，在儿童与 Pleo 互动的过程中，儿童的兴趣随着时间的推移递减。[1]几乎所有的儿童会认为真正的狗具有生物属性、精神生活、社交能力以及道德责任等特点，相比之下，只有六七成的儿童会把上述这些作为毛绒玩具狗和机器狗的特征。[2]学龄前的儿童会对机器狗表现出更多的兴趣和互动行为，同时，至少有 75% 的儿童会把机器狗当成他们的朋友。[3]与实际机器人进行交互的研究显示，人们认为屏幕上有脸的机器人更像人类，更有能动性和经验。[4]

但同样值得注意的是，早期的人机交互中拟人论的研究表明，人们有一种天生的社交需求，当人们缺乏社会联系时，非人类实体的拟人化可以满足人类的社交需求。[5]Eyssel 和 Reich（2013）的研究支持了上述假设，相比于不孤独的人，孤独的人更倾向于将机器人拟人化。[6]但如果人与机器不能达成共

[1] Fernaeus Y, et al. . How do you play with a robotic toy animal？ A long-term study of Pleo-[C] //Proceedings of the 9th International Conference on Interaction Design and Children. 2010：39–48.

[2] Melson G F, Kahn, Jr P H, Beck A, et al. . Robotic pets in human lives：Implications for the human–animal bond and for human relationships with personified technologies[J]. Journal of Social Issues，2009，65（3）：545–567.

[3] Melson G F, Kahn, Jr P H, Beck A, et al. . Robotic pets in human lives：Implications for the human–animal bond and for human relationships with personified technologies[J]. Journal of Social Issues，2009，65（3）：545–567.

[4] Broadbent E, Kumar V, Li X, et al. . Robots with display screens：a robot with a more humanlike face display is perceived to have more mind and a better personality[J]. PloS one，2013，8（8）：e72589.

[5] Epley N, Waytz A, Cacioppo J T. On seeing human：a three-factor theory of anthropomorphism[J]. Psychological review，2007，114（4）：864.

[6] Eyssel F, Reich N. Loneliness makes the heart grow fonder（of robots）—On the effects of loneliness on psychological anthropomorphism[C] //2013 8th Acm/ieee International Conference on Human-robot Interaction（HRI）. IEEE，2013：121–122.

识，那么该机器就会引起用户的反感以及引发一些负面效应。[1]

由于社会存在可以被认为是一种在某个媒介环境里对他人的感知[2]，因而，有一些研究表明当拟人化的视觉出现时有助于帮助人们在与智能助手聊天时增加人们对该物体社会存在的感知，因为人们更倾向于感受到他者的存在。[3][4]智能助理的对话和聊天线索有助于引发个体在没有与他人共在的情境下产生与他人互动的感觉，有研究发现，双方越是高频地进行对话信息交换，越容易使人意识到智能机器人的社会存在[5]，从而这种高连接度会提高人们对智能助手的评价和态度。[6]同时，Go 和 Sundar 的研究还发现，在影响用户对智能助手的评价因素中，信息交互行为与视觉化形象是互为补偿性的作用，也就是说，当信息交互行为高的时候，视觉化、拟人化形象的作用会被削弱，甚至不显著；反之当视觉化拟人化的头像出现在聊天框里时，信息交互的影响在结果中也不显著。[7]在类人际互动中，个体对机器人表现出共情也

[1] De Angeli A，Johnson G I，Coventry L. The unfriendly user：exploring social reactions to chatterbots[C]//Proceedings of the international conference on affective human factors design. London：Asean Academic Press，2001：467–474.

[2] Biocca F，Harms C，Burgoon J K. Toward a more robust theory and measure of social presence：Review and suggested criteria[J]. Presence：Teleoperators & virtual environments，2003，12（5）：456–480.

[3] Kim Y，Sundar S S. Anthropomorphism of computers：Is it mindful or mindless？[J]. Computers in Human Behavior，2012，28（1）：241–250.

[4] Go E，Sundar S S. Humanizing chatbots：The effects of visual，identity and conversational cues on humanness perceptions[J]. Computers in human behavior，2019，97（8）：304–316.

[5] Sundar S S，Go E，Kim H S，et al. . Communicating art，virtually！Psychological effects of technological affordances in a virtual museum[J]. International Journal of Human–Computer Interaction，2015，31（6）：385–401.

[6] Go E，Sundar S S. Humanizing chatbots：The effects of visual，identity and conversational cues on humanness perceptions[J]. Computers in human behavior，2019，97（8）：304–316.

[7] Go E，Sundar S S. Humanizing chatbots：The effects of visual，identity and conversational cues on humanness perceptions[J]. Computers in human behavior，2019，97（8）：304–316.

是互动行为可持续发展的重要前提[1]，哲学家 Misselhorn 指出对机器人的共情行为是通过知觉和想象力之间的交互作用产生的。[2] 有研究发现中国女性在接触 Replika 机器人时展示出了基于认知共情、情感共情和情感响应的不同数字化中介共情类型。[3] 理解人类对无生命人造物的共情是深入分析人机关系中个体情绪变化的基础。但是孙玮指出，人工智能的非人性可能比人性更为根本，因为人工智能更多地指向"异类"智能。[4]

"希腊神话中的那耳客索斯（Narcissus）与人们的生活经验有直接关系。……少年那耳客索斯误将自己的水中倒影当成另一个人。他在水中的延伸使他麻木，直到他成了自己延伸（即复写）的伺服机制（servomechanism）。回声女神试图用他的片言只语的回声来赢得他的爱情，竟终不可得。他全然麻木了。适应了自己延伸的形象，变成了一个封闭的系统。这一神话的要旨是：人们对自己在任何材料中的延伸会立即产生迷恋。"[5] 将智能虚拟助手作为自身的延伸，期待它作为完美的自己而存在，人们容易对可以被己身塑造的事物产生不切实际的幻想和依恋，将其物化成自己的形象，从而爱上自认为是自我的东西。

[1] Leiberg S，Anders S. The multiple facets of empathy：a survey of theory and evidence[J]. Progress in brain research，2006，156：419–440.

[2] 乔希·雷德斯通. 与社交机器人共情：对"情绪的想象性知觉"的新探讨 [M] // 马尔科·内斯科乌编. 社交机器人：界限、潜力和挑战. 北京：北京大学出版社，2021：27–28.

[3] Jiang，Q.，Zhang，Y.，& Pian，W.. Chatbot as an emergency exist：Mediated empathy for resilience via human-AI interaction during the COVID-19 pandemic[J]. Information processing & management，2022，59（6）：103074.

[4] 孙玮."异类"的交互与共生：媒介视角的人工智能 [J]. 学术研究，2023（10）：58–62+177.

[5] 马歇尔·麦克卢汉. 理解媒介——论人的延伸 [M]. 何道宽，译. 北京：商务印书馆，2000：74.

2.7　人机共创构建人机共生关系

2.7.1　人机关系与其矛盾

李维斯和纳斯在《媒体等同》一书中很早就呈现出人机关系中多种观点交锋的研究情况，其一是把电脑当成工具，在人机关系中处于从属地位，电脑和机器会按照用户的指示进行运算和操作。[1] 在这种只把机器作为工具看待的、存在主次地位差异的关系中，人们的潜意识里会认为作为具有生物性的人在人机关系中理所当然处于支配性地位，这显然是在宣扬人机关系中的不对等性。IBM 的科学家曾给沃森应用了许多语料库，为其灌输了很多词语，在这一过程中，沃森接触到了《城市词典》(*Urban Dictionary*)(这是一个由网友编写定义的俚语词典)，该词典中有一些日常生活中被广泛使用的不雅的词汇，因此在编写学习程序时，科学家让沃森陷入了《城市词典》的混乱语词之中，然而当它掌握了这些词语后致使它说出的话有失规矩时，科学家就通过重新编程继而删除了它的记忆。这就是在操纵环境下随意改变对象的体现，暗含了人机关系的极大的不平等性。

另一种关于人机关系的看法则是倾向于将人机关系当作伙伴关系，强调的是平等和重交流。人们应该对电脑感到依赖而不是觉得有优越感或者自愧不如。[2] 其实如果能认识到机器与人之间的关系是互相依赖的，双方的合作是推动共赢成功的关键，如果个体对于机器的看法是基于互利共赢的视角出发，

---

[1] 巴伦·李维斯，克利夫·纳斯. 媒体等同 [M]. 卢大川，等译. 上海：复旦大学出版社，2001：133.

[2] 巴伦·李维斯，克利夫·纳斯. 媒体等同 [M]. 卢大川，等译. 上海：复旦大学出版社，2001：133.

往往能与机器有一个更平等的交流姿态。

但如同约瑟夫·利克莱德所描述的"人机合作"，早期人机互动系统中，人作为操作者，具备主动权，能够为机器的行动制定方向、规则和标准，机器只是人体器官的延伸。但后来随着技术进步及自动化的发展，人从操作者变为帮助者，科技成为一股无法被替代的神秘力量，越发不受人的影响控制。[1]这种人机关系不再只是人操作使用工具的关系那么简单，人可能只用按下一个启动键，机器就可以在不需要人提供具体操作指令下自主运行，换句话说，人只能控制开始，但是过程中人越发变得无能为力。

有学者将人机关系与人际关系作比较，以社会反应理论[2]、社会渗透理论[3]以及依恋理论[4]为理论基础。随着类人的社交机器人的发展，人机交流可能从相对浅薄的非亲密关系发展到更深层次的亲密关系，主要是通过自我表露实现。[5]亲密关系是社会关系研究中的重要概念，它更多指涉一种相互依赖的关系，经由一段时间的持续互动，个体主观的亲近感得以产生。[6]象征亲密关系的形式包括像友谊、家人或者亲属网络、恋人间的浪漫关系。因此，亲密被视为关系发生、建立与维系的过程，是在个人披露与感知回应中获得。[7]

[1] 尼古拉斯·卡尔.数字乌托邦[M].姜忠伟，译.北京：中信出版社，2018：344–345.

[2] Nass C，Moon Y. Machines and mindlessness：Social responses to computers[J]. Journal of social issues，2000，56（1）：81–103.

[3] Fox J，Gambino A. Relationship development with humanoid social robots：Applying interpersonal theories to human–robot interaction[J]. Cyberpsychology，Behavior，and Social Networking，2021，24（5）：294–299.

[4] Bowlby J. Attachment and loss：retrospect and prospect[J]. American journal of Orthopsychiatry，1982，52（4）：664.

[5] Altman I，Taylor D A. Social penetration：The development of interpersonal relationships[M]. Holt，Rinehart & Winston，1973.

[6] 蒋俏蕾，凌绮.数智时代的"亲密"：媒介化亲密、亲密资本与亲密公众[J].山东社会科学，2023（3）：87–96.

[7] 蒋俏蕾，凌绮.数智时代的"亲密"：媒介化亲密、亲密资本与亲密公众[J].山东社会科学，2023（3）：87–96.

当下越来越多的亲密关系由电子、数字媒介促成和维系。一些研究发现，在媒介的助力下，远距离亲密关系能够达到跟近距离亲密关系等同甚至更高的信任与满意度。[1]

简予繁等学者（2023）提出个体的社会联结需求水平和机器人的角色定位差异会对人机互动意愿产生影响。有一项研究将儿童与机器人互动和儿童与人类合作进行对比，研究发现，儿童的社会行为（除了眼神交流）没有显著区别。[2] 此外，研究认为目光接触的差异可能是由于新奇效应带来的。[3] 但同时，在机器人与儿童接触时，还有一个很特殊的群体——孤独症儿童，许多研究表明一些人工智能产品（如社交机器人）对于治疗自闭症儿童的社会交往行为是有所裨益的，因为相较于与人类交往，与机器人交往和互动更加简单，自闭症儿童也可以从与机器人的交往过程中获取一些社交线索，今后用于人际交往。[4] 一些父母和自闭症治疗师表现出对使用机器人来治疗自闭症较高的接受度，不过，即便是这样，在一个 420 人的调查中，有一半的家长不希望未来由机器人代替治疗，有 20% 的人不希望自己的孩子把机器人当成朋友来对待。[5] 因而，有研究提出人机互动具有补偿功能，补偿用户在人际交

[1] Crystal Jiang L, Hancock J T. Absence makes the communication grow fonder：Geographic separation，interpersonal media，and intimacy in dating relationships[J]. Journal of Communication，2013，63（3）：556–577.

[2] 简予繁，黄玉波 . 人机互动：替代还是增强了人际互动？——角色理论视角下关于社交机器人的控制实验 [J]. 新闻大学，2023（4）：75–90+122.

[3] Simut R E, Vanderfaeillie J, Peca A, et al. . Children with autism spectrum disorders make a fruit salad with probo, the social robot：An interaction study[J]. Journal of autism and developmental disorders，2016，46（1）：113–126.

[4] Broadbent E. Interactions with robots：The truths we reveal about ourselves[J]. Annual review of psychology，2017，68（1）：627–652.

[5] Coeckelbergh M, Pop C, Simut R, et al. . A survey of expectations about the role of robots in robot-assisted therapy for children with ASD：ethical acceptability，trust，sociability，appearance，and attachment[J]. Science and engineering ethics，2016，22（1）：47–65.

往中的友谊和情感缺失。[1]

但是个人对待人机关系的方式是会随着年龄的增长而变化的。雪莉·特克尔的研究指出在电视时代下成长起来的人和在计算机时代下成长起来的人对于"生命"的定义可能是不同的。前者更可能拒绝拟人论，而后者在计算机文化的熏陶下，首先改变的是对人工智能技术的认知。[2]雪莉·特克尔将当前时代面临的机器人与 20 世纪 70 年代出现的电子玩具进行对比，她认为从那时起，儿童就开始学会如何割裂"意识"和"生命"这两个概念，换句话说，生物活性不是物体具有意识的前提。[3]因为在她的研究中她发现即便被观察者明确知道机器人不是活的，但是仍然能感知如果自己伤害了机器人它会疼的感受。这便是机器人在儿童中所能引发的强烈情感。

雪莉·特克尔和她的同事在观察儿童和老人如何对待机器人时认为不同的态度可以反映出他们的家庭状况，也可以从他们与机器人的互动中投射出他们的心理需求，因此观察人机互动有助于了解用户的个人情况和经历。[4]

随着大模型技术的出现与发展，人机关系可能即将发生从量变到质变的飞跃。杜骏飞认为，ChatGPT 的出现宣告数字交往 2.0 时代的开启，这是人与人工生命之间的跨生命式的交往与联结。[5]大模型的应用使得用户与机器之间的交流与沟通更加便捷，定制化的服务使其与用户建立"一对一"的连接关

[1] Brandtzaeg P B, Skjuve M, Følstad A. My AI friend：How users of a social chatbot understand their human–AI friendship[J]. Human Communication Research，2022，48（3）：404–429.

[2] Bernstein D, Crowley K. Searching for signs of intelligent life：An investigation of young children's beliefs about robot intelligence[J]. The Journal of the Learning Sciences，2008，17（2）：225–247.

[3] 雪莉·特克尔. 群体性孤独：为什么我们对科技期待越多，对彼此却不能更亲密？[M]. 周逵，刘菁荆，译. 杭州：浙江人民出版社，2014：69.

[4] Turkle S, Taggart W, Kidd C D, et al. . Relational artifacts with children and elders：the complexities of cybercompanionship[J]. Connection Science，2006，18（4）：347–361.

[5] 杜骏飞.AI 永不眠：交往革命与"赛博格阶梯"[J]. 探索与争鸣，2023（5）：16–18.

系成为可能。[1] 基于大模型的人机对话中，个体为了更好地达到对话效果不断精确化自己的信息需求表达，同时大模型也在深度学习中不断理解提示词与内容输出的关系。[2] 张洪忠与任吴炯的研究提出，基于大模型应用的人机关系中不再是清晰的"第二自我"，而是机器数据中的"众人"与个体在对话互动中不断影响对方、不断将"自我"融入机器大数据的过程。[3]

2.7.2　人机互动对人际交流的影响

在人机传播中，人机的互动关系从工具性的界面交互逐渐转向社会性的情感互动。人机关系不仅是机器服务人类、与人类协同工作，甚至包括复刻人类实现人机交往。[4] 当前研究中许多学者开始探讨人机互动对人际交流的影响 [5][6]，以及探讨人机信任关系的可能性。[7][8]

早在传播学界对 ICT（Internet Communication Technology）展开研究时，人们就意识到手机已经成为人们赖以交流的重要介质，人们的谈话内容常常

[1]　张洪忠，任吴炯 . 超越"第二自我"的人机对话——基于 AI 大模型应用的信任关系探讨 [J]. 新闻大学，2024（3）：47–60+118–119.

[2]　官璐，何康，斗维红 . 微调大模型：个性化人机信息交互模式分析 [J]. 新闻界，2023（11）：44–51+76.

[3]　张洪忠，任吴炯 . 超越"第二自我"的人机对话——基于 AI 大模型应用的信任关系探讨 [J]. 新闻大学，2024（3）：47–60+118–119.

[4]　申琦 . 服务、合作与复刻：媒体等同理论视阈下的人机交互 [J]. 西北师大学报（社会科学版），2022，59（3）：106–115.

[5]　彭兰 . 人机传播与交流的未来 [J]. 湖南师范大学社会科学学报，2022，51（5）：12–22.

[6]　Brandtzaeg P B, Skjuve M, Følstad A. My AI friend：How users of a social chatbot understand their human–AI friendship[J]. Human Communication Research，2022，48（3）：404–429.

[7]　Weidmüller L. Human, hybrid, or machine？：Exploring the trustworthiness of voice-based assistants[J]. Human-Machine Communication，2022，4：85–110.

[8]　Youn S, Jin S V. In AI we trust？"The effects of parasocial interaction and technopian versus luddite ideological views on chatbot-based customer relationship management in the emerging" feeling economy[J]. Computers in Human Behavior，2021，119：106721.

会因为手机里传递的各类信息而发生改变，人们的交往方式也会因为手机的应用和普及而发生改变，不少研究表明手机的普及使人们之间的关系变得更加疏离和更加陌生。[1] 交流问题是雪莉·特克尔在《重拾交谈》一书中重点关注的问题，在新技术的推动下，我们早已习惯通过媒介进行交流，但雪莉·特克尔指出正是这种新的媒介化生活给人们的交流带来一种困境。雪莉·特克尔在《群体性孤独》一书中提到，倘若与机器人做朋友，人们首先丧失的就是"异己性"（alterity），这是换位思考看待世界的能力，与她后来在《重拾交谈》中提到的同理心有关，如果丧失了异己性，人就缺失了同理心。[2] 从某种意义上来说，智能机器人是一种推动人走向孤独的媒介，因为它给予了个人充分保持孤独的时间，人可以让智能机器人来完成许多事项，他者的陪伴有时甚至显得有些多余。对雪莉·特克尔而言，她还在书中提到了梭罗在瓦尔登湖畔的四把椅子，其中第四把椅子乃是突破了通过机器聊天的介质屏障，而直接与机器交谈。[3]

在智能机器人出现的当下，我们需要问的问题是，智能机器人在多大程度上提高或降低了人们互动和人际交流的品质问题？我们会不会由此进一步失去了面对面交流的必要性？

人们远离了面对面交流，转而寻求人工智能提供与之对话的对象，通过"情感计算"和"情感识别"技术，机器人已经在一定程度上理解和识别人类的情感并努力作出相应的回应。"面对面交流其实是我们所做的最具人性，也是最通人情的事。面对面交谈是一种相互间的完整呈现，我们可以学会倾听，培养同理心，还可以体验被倾听和被理解的快乐。另外，交谈还能促进我们的自我反思，也就是进行对话，这是儿童发展的基石，而且会贯穿一生。"[4] 在儿童教育中，与孩子对话，用言语和肢体语言回应他们是使孩子学会建立

[1]　雪莉·特克尔.重拾交谈 [M].王晋，边若溪，赵岭，译.北京：中信出版集团，2017.
[2]　雪莉·特克尔.群体性孤独 [M].周逵，刘菁荆，译.杭州：浙江人民出版社，2014：62.
[3]　雪莉·特克尔.重拾交谈 [M].王晋，边若溪，赵岭，译.北京：中信出版集团，2017：55.
[4]　雪莉·特克尔.重拾交谈 [M].王晋，边若溪，赵岭，译.北京：中信出版集团，2017：3-4.

关系的基础。只有这种方式，儿童才能在成长初期学会控制情感，读懂他人的社交信号，学会与他人交谈。[1] 杜威在讨论人类语言和合群本能问题时强调两者的互动是构成人类社会意识的关键。[2] 但是杜威不是一个本能主义者，"人类虽有本能，然必要和人往来才能发达。教育儿童，不但要他和自然的环境相接近，还要他和社会的环境相接触，然后儿童的知识和习惯才有启发及养成的机会"。[3]

不少研究者表示出担忧，如果未来家庭保姆的角色主要由机器人来承担，由机器人来照顾新生儿，那么新生儿可能会由于缺少必要的人类陪伴而难以在语言、情感和社交方面有较好的发展。[4] 而埃里克森曾经提出给儿童静处和独处的时间有利于其健康成长。[5] 但是如今，儿童的独处时光往往与电子设备相伴，这不是真正意义上的独处，随着智能助手的出现，儿童甚至依赖于在孤独无聊的时候，智能助手提供的陪伴。

根据埃里克森的人类成长阶段论，通常人们说 14—20 岁是基本社会化的最后阶段。但是随着理论的不断发展，人们倾向于认为社会化应该是贯穿人一生的问题，当人完成了基本社会化后，人们需要在之后的人生里不断学习解决新的问题，扮演新的角色，完成新的任务，那么这个阶段可以被认为是继续社会化的过程。[6] "在机器人取代了人的陪伴下成长，与长大成为有社会经验的成人后再接触机器人，这两种情况完全不同。孩子在成长中需要与人交往，才会获得建立亲密关系和换位思考的能力；而和机器人互动则学不到这些。对于已经有丰富社交经验的成年人来说，和社交机器人互动，更多是

[1] 雪莉・特克尔. 重拾交谈[M]. 王晋，边若溪，赵岭，译. 北京：中信出版集团，2017：118.

[2] 胡翼青. 再度发言：论社会学芝加哥学派传播思想 [M]. 北京：中国大百科全书出版社，2007：115.

[3] 约翰・杜威. 确定性的寻求 [M]. 傅统先，译. 上海：上海人民出版社，2004：85.

[4] Sharkey A, Sharkey N. Children, the elderly, and interactive robots[J]. IEEE Robotics & Automation Magazine, 2011, 18（1）：32–38.

[5] 雪莉・特克尔. 重拾交谈 [M]. 王晋，边若溪，赵岭，译. 北京：中信出版集团，2017：70.

[6] 王思斌. 社会学教程（第四版）[M]. 北京：北京大学出版社，2016：46.

为了在较简单的社交'生活'中得到'放松'，对他们来说，心理风险要小得多。"[1] 从社会化视角来看，人们花在哪种媒介的时间越多，他就是选择了不同的社会化方式。[2] 电子游戏的研究者已经指出电子游戏会影响孩子的成长经历和认知结构。[3][4] 通常花足够的时间与家人朋友相处能够更好地促进青少年进行社会化过程，然而多样化的媒介形态的出现，分散了青少年的时间和精力，与各式各样媒介接触的时间可能会与原先正常社会交往的时间有所冲突。[5]

闲聊式聊天机器人[6]成了具有人格化形象与情感特征的交流对象，推进了新型人机信任关系的构建，基于情感联系的"人机交往"概念成为研究人机信任关系的新范式。在当今的技术背景下主要指的是人类用户单向度与机器建立虚拟信任关系。目前，对于人机信任关系的研究多数是在人机协作视角下进行的，将机器人视为"工具"或者"助手"，更多从机器性能和属性方面考察影响用户信任的因素。Mayer 等将信任定义为"一方承受另一方风险或伤害行为的意愿"。[7] 当在人机协作的情境中理解信任时，人是给予信任的主体，机器是被信任的对象，但信任关系的建立是一个持续性的过程，会随着双方

[1] 雪莉·特克尔. 群体性孤独：为什么我们对科技期待越多，对彼此却不能更亲密？[M]. 周逵，刘菁荆，译. 杭州：浙江人民出版社，2014：63.

[2] Larson R W. Adolescents' daily experience with family and friends：Contrasting opportunity systems[J]. Journal of Marriage and the Family，1983，45（4）：739–750.

[3] Shaffer D W，Squire K R，Halverson R，et al.. Video games and the future of learning[J]. Phi delta kappan，2005，87（2）：105–111.

[4] Palmquist，S. D.，Crowley，K. Studying dinosaur learning on an island of expertise. In R. Goldman，R. Pea，B. Barron，& S. Derry（Eds.），Video research in the learning sciences [M]. Mahwah，NJ：Erlbaum，2007：271–286.

[5] Arnett J J. Adolescents' uses of media for self-socialization[J]. Journal of youth and adolescence，1995，24（5）：519–533.

[6] 王颖吉，王袁欣. 任务或闲聊？——人机交流的极限与聊天机器人的发展路径选择 [J]. 国际新闻界，2021，43（4）：30–50.

[7] Mayer R C，Davis J H，Schoorman F D. An integrative model of organizational trust[J]. Academy of management review，1995，20（3）：709–734.

的协作互动不断演化。[1] 而在人机交往情境下，讨论的是基于情感信任的人机交往，关注人的需求与体验。

用户能够感知到智能聊天机器人提供的情感支持、鼓励以及心理安全感并对其产生依恋。[2][3] 机器人的外部特征、工具性与社会性会不同程度地影响用户对于机器人的接受度[4]，而机器人的社会吸引力、自我表露、互动质量、亲密感、共情感和交际能力也会在人机信任关系的构建中产生作用。聊天机器人能够在用户的熟人关系网络的外层建立起一段弱联系，给予人们一定的社会支持[5]，但也有可能引发对机器人的沉迷风险并伤害到人们现实生活中的亲密关系[6]，以 Replika 为代表的闲聊式聊天机器人可能会导致用户出现情感依赖、抑郁、成瘾和焦虑的后果。[7]

2.7.3 智能机器人威胁

媒介环境学派另一个代表性人物芒福德，他极为有名的论断是对于"王

[1] Hoffman R R. A taxonomy of emergent trusting in the human–machine relationship[J]. Cognitive Systems Engineering，2017：137–164.

[2] Brandtzaeg P B，Skjuve M，Følstad A. My AI friend：How users of a social chatbot understand their human–AI friendship[J]. Human Communication Research，2022，48（3）：404–429.

[3] Jiang，Q.，Zhang，Y.，Pian，W.. Chatbot as an emergency exist：Mediated empathy for resilience via human-AI interaction during the COVID-19 pandemic[J]. Information processing & management，2022，59（6）：103074.

[4] 喻丰，许丽颖. 人工智能之拟人化 [J]. 西北师大学报（社会科学版），2020，57（5）：52–60.

[5] Drouin M，Sprecher S，Nicola R，et al.. Is chatting with a sophisticated chatbot as good as chatting online or FTF with a stranger？[J]. Computers in Human Behavior，2022，128：107100.

[6] Xie T，Pentina I. Attachment theory as a framework to understand relationships with social chatbots：a case study of Replika[J]. 2022.

[7] Pentina I，Hancock T，Xie T. Exploring relationship development with social chatbots：A mixed-method study of replika[J]. Computers in Human Behavior，2023，140：107600.

者机器"的批判，机器意识形态的基础是秩序、控制、效率和权力，这已然成为如今机器化的现实世界中人们所孜孜不倦追求的目标，在芒福德看来，古今王者机器都共有的是这种意识形态，加强权力，扩大控制范围，继而忽视生命的需求与宗旨。[1] 从工业时代开始，人们对于速度和效率的追求日益接近癫狂的状态，对机器时代的人来说，机器等同于效率，人们心甘情愿地成为效率决定一切的奴隶。起初，这看起来似乎是人们在技术和机器使用中重新获得了掌控力，但实则人正在被机器裹挟着向前迈进，因为人们正在无知觉地饱受这种控制欲望笼罩下的非理性驱动力，它正在将人推向异化的边缘。文化理性、道德伦理在效率、利益面前自觉"靠边站"，因而这班一直在加速的智能技术列车也开始在失控的边缘游走。倘若没有巨大的"摩擦力"，技术的扩张与机器的发展终究有一天会脱离人们的掌控。智能社会的潜在威胁也可能会对社会生活产生较大的影响。由于机器人容易被黑客攻陷，一篇 BBC 的报道指出，一个可以回答小孩问题的机器玩偶，可能会被黑客入侵，从而对小孩说一些令人惊恐的故事，这会对小孩造成影响。因此，失去掌控的机器人可能会给人类社会带来许多全新的威胁。

基于上述对于媒介环境学理论基础与人机互动共生关系研究的回顾，本书最终提出以下五个研究问题：

研究问题一：人工智能技术将会如何改变媒介生态 / 媒介环境？

研究问题二：人工智能产品的用户画像和用户感知是什么？

研究问题三：用户如何与智能虚拟助手互动及二者关系如何？

研究问题四：新型人机互动关系会对人际交往产生影响吗？

研究问题五：智能虚拟助手对人机共生关系的影响是什么？

综上，基于智能传播中智能机器人的人机互动关系这一研究主题，笔者在本书中采用多种研究方法开展研究，旨在从多个维度探讨用户对于人工智

---

[1]　兰斯·斯特雷特，林文刚 . 刘易斯·芒福德与技术生态学 [M]// 林文刚，编 . 媒介环境学：思想沿革与多维视野 . 何道宽，译 . 北京：北京大学出版社，2007：60-70.

能产品的使用行为和态度，关注用户感知人工智能产品的维度，重点聚焦于智能聊天机器人，剖析用户与未来机器人社会可能存在的人机互动关系。研究主要采用两种研究方法回应研究问题，一是问卷调查，因为问卷调查是一种横截面式的研究，能较为容易地了解当下社会对智能产品的普遍认知情况，根据用户自填问卷的数据可用于分析用户对于人工智能产品的使用行为和态度。笔者利用大规模问卷调查数据进行因子分析、多元回归分析、方差分析等以此来勾勒人工智能产品的用户画像。二是定性访谈—自我报告（self-report）作为补充和深化，因为问卷调查仅仅能粗浅地、概括性地了解用户认知态度和行为，以定性访谈作为研究的重要补充，既可多视角地探究观察用户的日常生活形态，又可以深入分析用户行为背后可能存在的原因和行为逻辑。基于访谈资料，研究再通过扎根理论进行编码、归纳分类出人机互动关系的新模型。

第三章

智能机器人的演进与发展

3.1 智能机器人的演进与发展

1956 年达特茅斯会议被认为是人工智能（Artificial Intelligence）的肇始点，因为麦卡锡（John McCarthy）在该会议上首次提出人工智能这一术语。我们通常将人工智能分成三个阶段，弱人工智能、强人工智能和超人工智能。当前人工智能算法和应用大多属于弱人工智能阶段，即专注于解决特定领域的问题；强人工智能也被称为通用人工智能（Artificial General Intelligence），指可以胜任人类所有工作的人工智能，大语言模型有望成为通用人工智能发展的排头兵；而超人工智能，顾名思义，是比世界上最有智慧、最具创造力、社交能力等各方面能力的人都更强大的人工智能。[1]

最开始人们关心人工智能时，主要是在理论层面，比如关于机器的无意识社会行为、拟人论、恐怖谷理论、情感依恋等，但随着人工智能技术的发展以及各行业内机器人的广泛使用，人们开始关心比如失业、个人安全、隐私、人际关系的失落等更为实际的问题。正如 Broadbent（2017）在文章中介绍的，早期的机器人主要被用于工业领域和军事领域 [2]，与普通人的日常生活联系并不紧密，然而，过去 20 年里随着民用化机器人的发展与普及，我们开始在超市、医院、学校或是自己家中摆弄着它们，当高科技产品寻常化后社会各界的关注度也随之升温，机器人也被提议用作帮助满足老年人的医疗保健需求。[3]

本书中所称的"智能机器人"指的是具有与用户互动对话能力的、可沟

[1] 李开复，王咏刚 . 人工智能 [M]. 北京：文化发展出版社，2017：112–115.

[2] Broadbent E. Interactions with robots：The truths we reveal about ourselves[J]. Annual review of psychology，2017，68（1）：627–652.

[3] Robinson H，MacDonald B，Broadbent E. The role of healthcare robots for older people at home：A review[J]. International Journal of Social Robotics，2014，6（4）：575–591.

通的、基于 AI 算法、能实现实时交流的机器人，与之相对的是传统的只具备机械装置的工业机器人。更具体来说，诸如像 Siri、Pepper 这类的智能产品属于本书智能机器人所讨论的范围，而像扫地机器人等则不在讨论范围之列。

3.1.1　智能机器人的缘起

最早关于聊天机器人的概念可以追溯到 1950 年，图灵在其论文中提出了评估机器是否具有智能的"游戏"方案，即众所周知的通过图灵测试来评估计算机是否具有人类智能的测验。这个测试主要由人机沟通环节构成，在测试中，"一台计算机和一个人被置于屏风后面，一位测试人员对他们进行提问，并判断哪一个是人类的答案。如果测试人员经过一段时间后不能合理地判断出哪一个是人，哪一个是计算机的话，计算机就被证明拥有（人类）一般的智能"。[1] 计算机在对话过程中需要尽可能地模仿人类，目的是使实验中的参与者无法在短时间内正确分辨与其对话的对象是人还是计算机，如果机器让参与者做出超过 30% 的误判，那么该计算机就可以被认为是通过了图灵测试。因而最早的人机聊天是基于电脑屏幕的与机器背后的逻辑运算进行语义表达和交流的过程，这也被认为是计算机最根本的工作方式。但由于人们赋予机器以拟人化的期待，因此在以后的发展中聊天模式向着越来越人性化的方向发展。

科幻小说作家阿西莫夫曾在故事中假定未来机器人是为了服务人类、实现人类利益而设计存在的，因此提出了"机器人三定律"。虽然机器人三定律最初只是针对科幻小说中的机器人世界提出的规则，但后来逐渐被学术界和工业界默认为通用的研发原则，被写入机器人的程序中，这三个定律分别是"（1）机器人不得做出伤害人类的行为，或看到人类受伤害而袖手旁观；（2）在不违反第一定律的前提下，机器人必须服从人类发出的指令；以及

---

[1]　安东尼·梅杰斯. 爱思唯尔科学技术哲学手册·技术工程科学哲学 [M]. 张培富，译. 北京：北京师范大学出版社，2015：1545.

（3）在不违反第一定律和第二定律的前提下，机器人必须为了它们自己的生存利益而行事"。[1]

3.1.2 智能机器人的演进

若论及智能机器人发展的里程碑，不可避免需要提到的就是魏曾鲍姆发明的 Eliza。Eliza 是一个对话型聊天机器人，它主要是通过电脑程序来做出类似于心理咨询师的回复，使得整个过程近似于患者与咨询师沟通的心理诊疗的过程[2]，Eliza 的出现至今仍被认为是聊天机器人发展过程中重要的里程碑之一。科尔比（Kenneth Colby）也想要构造一个能聊天的病人，既可以用作培训心理医生，又可以理解病人的征兆，1972 年他的研发成果计算机程序 Parry 成功问世。同年，在国际计算机通讯年会上，作为病人的 Parry 和作为心理医生的 Eliza 进行了一次对话，该对话记录至今仍被保存在硅谷的计算机历史博物馆中。[3]

如果说聊天机器人的专业属性仍受到质疑，那么专家系统则是将专业属性进行多倍放大的智能系统。费根鲍姆、李德伯格和翟若适曾开发了第一个专家系统 Dendral。Dendral 通过输入质谱仪的数据，可以输出给定物质的化学结构。[4]20 世纪 80 年代曾风靡一时的专家系统被认为是一类基于经验和专业知识的计算机智能程序决策系统，它"能够像人类的专家一样解决某一领域中的问题"。[5]专家系统主要可以适用于化学、生物学、医学等领域，但专家系统在经历了十年黄金期发展后，随着日本五代机的幻灭，也面临以失败告

[1] 保罗・利文森 . 软边缘：信息革命的历史与未来 [M]. 熊澄宇，等译 . 北京：清华大学出版社，2002：211–212.

[2] Weizenbaum J. Eliza—a computer program for the study of natural language communication between man and machine[J]. Communications of the ACM, 1966, 9（1）: 42.

[3] 尼克 . 人工智能简史 [M]. 北京：人民邮电出版社，2017：142.

[4] 尼克 . 人工智能简史 [M]. 北京：人民邮电出版社，2017：63.

[5] Todd B S. An introduction to expert systems[M]. Oxford, UK: Oxford University, 1992: 1.

终的结局。其原因大致可归为以下两个方面：一方面，专家系统缺乏所谓"常识"[1]——它只知道数据库和代码已有的内容，但无法提供新的专家知识而令人失望；另一方面，专家系统欠缺对用户体的关注，使得人们在使用专家系统时缺乏真正的对话代入感。

20 世纪 90 年代，随着信息技术的不断推演，聊天机器人程序的更迭速度也发生了改变，"数据挖掘、机器学习技术的提高赋予了机器更高的决策能力，更丰富的可用数据集以及更强大的语言注释工具，如 XML 处理工具的应用。聊天机器人的功能和使用场景也朝实用性方向发展，并逐步被应用于商业领域"。[2] 到了 20 世纪 90 年代末和 21 世纪初，智能虚拟助手的研发者对于机器人的开发更具有想象力和实践性，他们渴望制造出更接近于人的聊天机器人，比如阿尔伯特一号（Albert One）、爱丽丝（Alice）和埃尔伯特（Elbot）便应运而生，成为这个时期聊天机器人的典型代表。[3] 在机器学习算法兴起后，理查德·华莱士（Richard Wallace）在开发爱丽丝时使用了监督学习算法以及 AIML（Artificial Intelligence Markup Language）语言[4]，但爱丽丝最终仍然没有通过图灵测试，其中一部分原因是由于基于 AIML 的聊天系统尚未完备到与人进行长时间的多轮对话。[5]1990 年以来，任务执行类对话系统的研究开始

[1] Bell M Z. Why expert systems fail[J]. Journal of the Operational Research Society，1985，36（7）：613–619.

[2] Shawar B A，Atwell E. Chatbots：are they really useful？[J]. Journal for Language Technology and Computational Linguistics，2007，22（1）：29–49.

[3] Neff G，Nagy P. Talking to bots：Symbiotic agency and the case of Tay[J]. International Journal of Communication，2016，10（10）：4915–4931.

[4] Wallace，R.S. . The Anatomy of A.L.I.C.E. In Epstein，R.，Roberts，G.，& Beber，G.，（Eds.）. Parsing the Turing test：Philosophical and Methodological Issues in the Quest for the Thinking Computer[M]. Berlin，Germany：Springer Netherlands，2009：181–210.

[5] Shum H Y，He X，Li D. From Eliza to XiaoIce：challenges and opportunities with social chatbots[J]. Frontiers of Information Technology & Electronic Engineering，2018，19（1）：12.

向外界展现出其商业应用的巨大潜力[1]，早期用于航空订票系统中的对话助手以及用于获取航班信息的交流系统等都可以被纳入任务执行类的智能虚拟机器人的范畴之中。[2]

早期的机器人是内部携带信息的独立机器，但是人工智能和云计算技术的迅速发展，使得机器人不再局限于个体的学习经验，而是通过连接到云端来获取云端数据库中的无限数据资源，通过深度学习，可以拥有全球其他机器人群体的学习经验，这极大地提升了机器人的学习速率和学习效果。

21世纪伊始，机器学习算法的效率和准确性都有了突飞猛进的提升，过去仅用于企业商用的聊天系统开始进入个体的日常生活中，为个人事务提供服务，诸如苹果的Siri、微软的科塔娜（Cortana）、亚马逊的Alexa以及谷歌助手（Google assistant）等个人虚拟助手产品，都已经成为人们触手可及的智能虚拟助手。这些智能虚拟助手大多内置于电子设备之中，旨在为用户提供多种便捷服务。起初虚拟语音助手的功能专注于回答用户问题并且帮助用户获取信息，随着用户需求呈现多样化，聊天系统的目标也不断拓展，从实现任务要求到满足社交需求，从任务型到闲聊型，由此便诞生了微软小冰（Microsoft xiaooice）这类专注于社交功能的聊天机器人。

人工智能技术在不断演进，该技术所能融入的工作场景和应用也呈现出多元化和艰深化的趋势。比如机器人开始进入律师、医生等职业工作之中，标志着机器人开始胜任一些以前无法进入的工作。美国军方是机器人研究的重要资助者，在伊拉克等美国的重要战略布局地区，有不少战斗机器人正在工作。在伊拉克，有些战斗机器人可以在微型坦克履带上运行，用于执行情

[1] Shum H Y, He X, Li D. From Eliza to XiaoIce: challenges and opportunities with social chatbots[J]. Frontiers of Information Technology & Electronic Engineering, 2018, 19（1）: 10-26.

[2] Shum H Y, He X, Li D. From Eliza to XiaoIce: challenges and opportunities with social chatbots[J]. Frontiers of Information Technology & Electronic Engineering, 2018, 19（1）: 10-26.

报收集和侦察任务，有些机器人负责处理炸弹和运送装备，美国军方甚至逐步考虑用机器人和无人机来补充削减的士兵人数。[1]

3.2　智能虚拟助手在媒体报道中的新闻主题框架[2]

在媒介环境中，媒体的报道仍会对社会人群如何看待智能机器人社会产生潜移默化的影响和催化，因而了解媒体对智能对话机器人社会的报道倾向和态度也有助于更加全面地分析人机互动共生关系的构建路径。

新闻媒体营造出来的拟态环境以及媒体在报道智能虚拟助手时建构的社会事实，包括对其形象、态度等内容报道时所采用的话语倾向，在某种程度上会影响大众对于智能虚拟助手以及未来机器人社会的态度和认知。在上一节中研究者简明扼要地梳理了智能机器人的演进与发展的历程和里程碑事件，不难发现，人工智能的概念及相关研究最早源于美国，智能虚拟助手的早期商业化应用也最早在美国开始推广，因而美国可以被认为是率先进入智能时代的国家，美国的一些科技公司如谷歌、苹果也是智能产品的先驱者和行业引领者。研究者认为将美国人工智能产品的发展历程与智能虚拟助手在美国推出之后的媒体外部环境结合起来考察，有利于我们更加清晰地辨识在全球语境下智能产品的发展与媒介环境之间的联动关系，为我们分析智能虚拟助手在中国本土化发展提供更多具体的背景理解。因而，笔者为了更加全面地了解智能虚拟助手在美国的发展背景和社会历程，在本章中利用文本分析中的 LDA 主题模型简单地对美国媒体报道中的一些报道内容的主题进行梳理和回顾，丰富研究中关于智能虚拟助手发展的背景回顾。

---

[1]　杰夫·科尔文. 不会被机器替代的人：智能时代的生存策略 [M]. 俞婷, 译. 北京：中信出版社, 2017：30-31.

[2]　本节部分内容参见王袁欣. 流动的观念：《纽约时报》中"智能虚拟助手"的报道主题变迁研究 [J]. 全媒体探索, 2022（11）：91-93.

3.2.1 智能虚拟助手具备创新扩散的社会趋势

笔者基于无监督学习的 LDA 主题模型对《纽约时报》(New York Times) 报道中有关智能虚拟助手的文章进行分析，并对报道主题进行宏观梳理，从框架理论视角分析主题变迁。笔者参考了相关 LDA 主题模型分析研究，利用《纽约时报》官方的公开数据接口（Application Programming Interface，API），以及 Python 工具抓取与智能虚拟助手相关的文章数据 [1]，所获取的新闻文本的时间跨度为 2016 年 1 月 1 日至 2020 年 12 月 31 日。研究者确定了 8 个关键词进行主题检索，包括 Chatbot、intelligent robot、Siri、Virtual assistant、Voice assistant、Conversatioanl agent、digital assistant、Google assistant，以上这些关键词是研究者根据过去几年学界、业界和新闻媒体在讨论智能虚拟助手时常使用的术语和关键词总结归纳而成的，具有较强的代表性和概括性，能比较好地涵盖新闻媒体中可能会涉及虚拟智能媒体讨论的内容。笔者共抓取了 5253 篇文章数据，对重复性文章进行数据清洗后剩余 3918 篇作为分析样本，再经由文本分词、小写处理、词干提取、词性还原、词性标注、特征选择等步骤完成数据预处理。基于该数据，笔者先对《纽约时报》关于智能虚拟助手的报道数量进行逐年统计，分布情况见表 3.1 和图 3.1。

表3.1　2016—2020年《纽约时报》中有关智能机器人关键词的文章数量分布

	Chatbot	intelligent robot	Siri	Virtual assistant	Voice assistant	Conversational agent	digital assistant	Google assistant	合计
2016	20	30	90	89	90	10	100	150	579
2017	19	30	90	141	190	8	90	160	728
2018	10	38	105	90	539	7	290	170	1249
2019	30	30	89	107	540	9	260	190	1255
2020	20	30	57	310	588	7	190	240	1442
总计	99	158	431	737	1947	41	930	910	5253

[1] 王袁寰，刘德寰. 框架理论视角下西方主流媒体新冠肺炎疫情报道的 LDA 主题模型分析——以《纽约时报》和《卫报》为例 [J]. 广告大观（理论版），2020，16（3）：76-89.

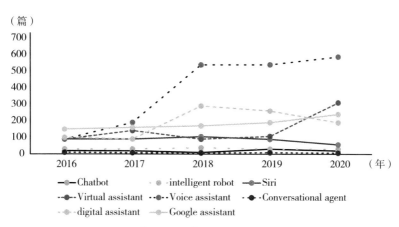

图3.1　2016—2020年《纽约时报》涉及智能虚拟助手关键词的文章数量

基于统计表和折线图的变化来看，与虚拟语音助手相关的主题报道数量从 2017 年开始呈现增长态势。这与人工智能技术和相关产品的发展趋势相一致。虽然早在 20 世纪 90 年代语音识别技术就已经问世，但一直到 2011 年Siri 和 2014 年亚马逊的 Alexa 出现后，智能虚拟助手的功能才逐渐被大家知晓和使用。2017 年是智能虚拟助手产品大规模涌现的元年，有超过 1 亿的用户开始使用智能虚拟助手，这与《纽约时报》智能虚拟助手的报道数量增幅相一致。表明媒体报道的频率与热度与创新产品的用户规模发展密切相关，两者存在相互促进的关系，即智能科技行业的蓬勃发展会促使媒体将更多报道焦点集中于新技术，而媒体关注度的提升则有利于进一步将创新技术推向大众市场，提高大众对技术的认知和接受水平，投资者也会更多地将资金投入新兴技术领域，从而推动技术的进一步发展。从各个关键词的文章数量变化情况来看，智能虚拟助手（Virtual assistant）这一关键词在媒介环境中的讨论有持续走高的趋势。

从创新扩散模型来看，技术的创新面临能否具备扩散潜力的问题，临界大多数是创新形成扩散趋势的关键。当智能虚拟助手的用户数量到达临界点后，就容易形成扩散趋势。[1]

---

[1]　王袁欣 . 流动的观念 :《纽约时报》中 "智能虚拟助手" 的报道主题变迁研究 [J]. 全媒体　　探索，2022（11）: 91–93.

3.2.2 智能虚拟助手呈现个体化流行特征

为了了解近五年有关智能虚拟助手新闻报道的主题内容分布情况，研究者对近五年内的文章进行了 LDA 主题建模。LDA 主题模型基于上下文背景通过三级分层贝叶斯模型（包含词、主题和文档三层结构）进行文本建模，三层结构都服从多项式分布，主题词的概率计算为公式（1）。

$$p(\theta, \mathbf{z}, \mathbf{w} \mid \alpha, \beta) = p(\theta \mid \alpha) \prod_{n=1}^{N} p(z_n \mid \theta) p(w_n \mid z_n, \beta) \tag{1}$$

研究者在主题建模时分别测试了主题数量为 5、8、10、15、20 的模型结果，同时将学习速率分别设置为 0.5 和 0.7，在模型比较和防止模型过拟合后，采用困惑度（Perplexity）评价方法得到参数指标最佳主题数为 5 个、学习速率为 0.7 的模型。表 3.2 为《纽约时报》近五年来关于智能虚拟助手文章的 LDA 主题模型的结果，研究者根据主题特征词总结出 5 个主题框架。这 5 个主题框架分别是：T1 科技、T2 虚构性故事、T3 日常生活、T4 艺术与展览、T5 政治。

第一个主题框架是科技，共有大约 663 篇文章主要谈论科技公司及其技术发展，涉及最多的公司名称就是谷歌、亚马逊等，还包括手机、智能设备、软件、技术、硅谷等众多关键词。Brian Chen 在《纽约时报》的专栏文章中分别对谷歌助手、Siri、微软 Cortana 和亚马逊 Alexa 等产品的任务执行功能进行测评，并列出不同产品的特点和优势。[1] 第二个主题框架是虚构性故事，报道包括了所有以虚构性故事题材为主的电影、科幻小说、电视剧、游戏等一系列作品的评论性文章。第三个主题框架是日常生活，这个框架下的专栏文章倾向于描绘个体如何在生活中与智能虚拟助手进行人机互动的细节。Henry Alford 回顾他所使用的 x.ai 公司创造的名为 Amy 的虚拟助手的经历，详细描

---

[1] Brian Chen. Siri, Alexa and Other Virtual Assistants Put to the Test [EB/OL]. 2016–01–27. The New York Times，https：//www.nytimes.com/2016/01/28/technology/personaltech/siri-alexa-and-other-virtual-assistants-put-to-the-test.htmlhttps：//www.nytimes.com/2016/01/28/technology/personaltech/siri-alexa-and-other-virtual-assistants-put-to-the-test.html? searchResultPosition=3.

述他是如何利用一个虚拟的邮件账户来与 Amy 对话沟通以测试 Amy 在日常事务处理方面的智能性。[1]《纽约时报》的相关报道通常采用叙事性手法，将这些人工智能产品带入叙述者的日常生活和工作之中，并乐于反馈在使用过程中的体验感受，将其与真人交流进行横向比较。此类报道会激发其他用户尝试和体验智能虚拟助手的兴趣，有助于新技术的创新扩散，提升大众的普遍接受度。一些报道强调尤其在新冠疫情暴发后，被迫进行居家隔离的人们开始尝试与虚拟的聊天机器人进行对话来舒缓、排解内心的焦虑和苦闷。[2]第四个主题框架是艺术与展览。人工智能技术兴起后，一些博物馆和艺术展览开始利用智能技术来进行艺术品装置的布置和策展，一些策展人倾向于在当前的场馆中设置一些具有沉浸式体验的场景和效果。将静态装置的画通过智能技术设计出流动的效果，或者是利用 VR、AR、智能机器人等技术和产品来增强场馆的智能化体验，如利用机械手臂来进行绘画创作等。从报道的特征词"image，gallery，museum"以及相对应的文章中发现许多年轻的策展人开始向数字化策展转型。第五个主题框架是政治。在这个新闻主题框架之下，《纽约时报》的报道关注了聊天机器人在政治领域的应用和影响，尤其是美国总统选举、英国脱欧和俄罗斯操纵社交机器人干预总统大选的网络舆情。这一主题反映了人们对于机器人以及人工智能产品商业化和社交机器人对政治舆论影响的担忧，在社交媒体上，一些聊天机器人会佯装成真人参与政治讨论，通过消息发布和转发行为在社交媒体上形成意见气候并进行社会动员，从而影响民主社会的政治生态。有文章认为在美国总统竞选过程中，以自动化的聊天机器人形式出现的政治人工智能正在伪装成人类，试图劫持和影响政治

---

[1] Henry Alford. Dawn of the Virtual Assistant [EB/OL]. 2016–06–25. The New York Times，https：//www.nytimes.com/2016/06/26/fashion/technology-artificial-intelligence.html.

[2] Cade Metz. 2020. Riding Out Quarantine with a Chatbot Friend："I Feel Very Connected" [EB/OL]. 2020–06–16. The New York Times，https：//www.nytimes.com/2020/06/16/technology/chatbots-quarantine-coronavirus.html.

进程，比如在推特上许多政治性话题的讨论都是由聊天机器人引起的。[1] 一些基于人工智能的深伪（deep fake）技术的视频也对政治生活产生了影响，从而引发人们开始思考人工智能技术未来会如何影响民主生活。

表3.2 《纽约时报》近五年来关于智能虚拟助手文章的LDA主题模型

主题 （Topic）	框架 （Interpretation）	文章数量	主题特征词 （Keywords）
T1	科技	663	Google, Amazon, company, application, tech, device, smart, computer, artificial, valley, smartphone, software, technology, App, silicon
T2	虚构性故事（小说/电影/游戏/电视剧）	1104	Star, season, book, film, story, game, movie, novel, read, actor, music, character, love, dangerous, serial
T3	日常生活	752	School, technolog, life, robot, person, news, marriage, court, handi, page, kill, teacher, meet, digit, device, home, coronavirus
T4	艺术与展览	673	Art, brief, artist, photograph, museum, email, journal, medication, exhibit, paint, sign, start, gallery, image
T5	政治	663	Trump, president, election, China, political, Chinese, administration, republican, state, vote, govern, Russia, secretary, American, economy

　　笔者在综观 LDA 主题模型对《纽约时报》相关新闻报道的分析后认为早期新闻媒体中的报道主题主要是局限于虚构性故事、影视、艺术等作品之中，即局限于人们的想象空间之中进行创作。但近年来，随着智能技术的发展和时代的推进，新闻媒体的报道内容开始更多涉及日常生活和家庭生活。其报道主题和所采用的新闻主题框架越来越贴近现实生活和关注智能产品所带来的社会影响。为了验证此观察，笔者同时进行了历时性的研究，将 2016 年至 2020 年的文章逐年分别做 LDA 主题建模，纵向对比《纽约时报》报道中的新闻框架演变趋势，根据最优模型评估采用 5 个主题（结果见表 3.3）。

[1] Jamie Susskind. Chatbots are as a danger to Democracy [EB/OL]. 2018–12–04. The New York Times, https://www.nytimes.com/2018/12/04/opinion/chatbots-ai-democracy-free-speech.html.

表3.3 《纽约时报》2016—2020年智能虚拟助手历时性报道的LDA主题框架

	主题 1	主题 2	主题 3	主题 4	主题 5
2016 年	科技	使用场景和功能	城市生活	产品	应用与设备
2017 年	科技与生活	办公	城市生活	语音设备与智能家居	政治
2018 年	科技公司与数字化生活	办公	虚构性故事	文学与艺术	虚拟助手与应用
2019 年	科技	办公	虚构性故事	文化与服务	政治
2020 年	潮流与科技	团队工作	艺术与影视	学校与家庭	政治

研究发现对于智能虚拟助手的报道中，科技框架始终是报道的核心框架，新的变化体现为在科技框架之中糅进生活体验。另一个值得关注的主题是办公与场景，以及 2020 年新出现的团队工作，一方面说明智能虚拟助手的主要应用场景就是办公场景，另一方面说明在历时性变迁中智慧办公场景需要人机协同模式的团队合作。

《纽约时报》上关于智能虚拟助手的报道有一些围绕城市生活、虚构性故事、影视、艺术等相关作品展开，涉及人们对机器人的虚构性畅想和文学创作，近年来智能技术的发展使智能机器人所涉及的领域也不断发生流动，从工业生活、城市生活走进家庭生活，从硬核科技产品、应用设备走向潮流与艺术，从科技热门话题走进政治热点。人们在数字化生活中使用智能家居，办公过程增加虚拟助手的配置，同时，从智能虚拟助手融入的工作、生活场景和应用范畴来看，它们不仅呈现出多元化和艰深化的趋势，个体化的流行趋势也得到增强。这进一步说明媒体关于智能虚拟助手的报道越来越贴近日常家庭生活，这种现实化叙事的方式会对个体和群体观念产生影响，甚至产生巨大的社会效应。

综上，新技术的扩散需要用户数量到达临界大多数，形成大规模扩散趋势。在大趋势下，社会观念会随着报道主题的变化而发生迁移，新技术会逐步走向个体化叙事层面，萌生个体与技术共生的观念。

3.3 智能虚拟助手发展过程中的问题

前两节研究者主要是针对智能机器人和智能虚拟助手发展历程下的技术背景和媒介环境进行简单的梳理和总结，但任何技术的发展历史表明，即便是欣欣向荣的朝阳产业也存在诸多问题，既包括与旧环境、旧事物交接时的不适应，也包括社会生活中的法律法规、伦理规范等层面的问题。

首先，早期的聊天机器人的内容困境主要受限于语料库的局限性和机器学习技术的瓶颈，比如 Alice，它无法保存对话的历史记录，即聊天机器人不知道自己之前说过什么；同时，它也无法真正理解用户说的内容，在对话过程中，它给出的回答只能是基于代码里所囊括的内容[1]，这大大降低了内容的有效性。人工智能技术对聊天系统的支持受限于某种特定的功能导向，而非是依靠完整的上下文对话内容来设置机器人的回答[2]，聊天机器人能对用户的说话内容做出回应，但是机器人无法意识到自己在之前的对话中的内容所言何意，并且无法将它说的话串成一个完整的逻辑链条。在这种情况下，机器人聊天内容的触发机制是关键词或者句式，而非逻辑关系。

Jia（2004）的实验结果数据显示，1256 位学生与 Alice（聊天机器人）交谈，88% 的学生与 Alice 有且仅有一次对话，并且对话内容非常短。[3] 德勤人工智

[1] Shawar B A, Atwell E. Chatbots：are they really useful？[J]. Journal for Language Technology and Computational Linguistics，2007，22（1）：29–49.

[2] Portela M，Granell-Canut C. A new friend in our smartphone？ Observing interactions with chatbots in the search of emotional engagement[C]//Proceedings of the XVIII International Conference on Human Computer Interaction. 2017：1–7.

[3] Jia J. The study of the application of a web-based chatbot system on the teaching of foreign languages[C]//Society for Information Technology & Teacher Education International Conference. Association for the Advancement of Computing in Education（AACE），2004：1201–1207.

能 2018 年 3 月发布的一份关于聊天机器人的报告[1]，图 3.2 是聊天机器人的聊天内容质量与用户对其接受度的关系变化曲线。现在许多聊天机器人还处于图 3.2 中左边不受人欢迎的阶段——用户在表达自己非常饿的时候用了一个比喻"饿得能吃下一头马"，聊天机器人给出的回复是，"你想知道关于马的哪些内容，以下是我所了解的"。如此生硬、不符合逻辑的回复，让用户无法持续保持跟机器人聊天的状态，用户基本上对产品好奇尝鲜完之后，便不会再理睬该产品，用户黏性很低。而右图则是一个聊天机器人能够有效增强用户黏性的范例，对话智能助手能充分理解用户的需求，并在理解用户需求的基础上为用户提供多种选择，与此同时，还能为用户及时提供一些贴心的生活提示。

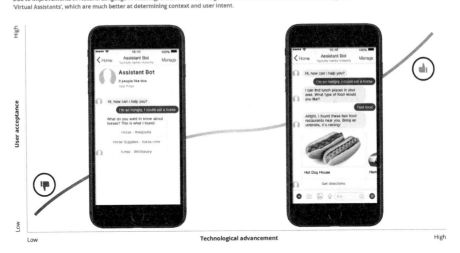

图3.2　聊天机器人的聊天内容质量与用户接受度的关系[2]

[1]　Deloitte. Chatbots Point of View：Deloitte Artificial Intelligence[EB/OL]. https：//www2.
deloitte.com/content/dam/Deloitte/nl/Documents/deloitte-analytics/deloitte-nl-chatbots-
moving-beyond-the-hype.pdf.

[2]　图来源于 2018 年德勤发布的聊天机器人报告。Deloitte. Chatbots Point of View：De-
loitte Artificial Intelligence[EB/OL]. https：//www2.deloitte.com/content/dam/Deloitte/nl/
Documents/deloitte-analytics/deloitte-nl-chatbots-moving-beyond-the-hype.pdf.

其次，聊天机器人是人工智能技术发展的一个产品应用，人工智能技术可能造成的伦理问题，聊天机器人也同样存在。但由于聊天机器人具备与人沟通互动交流的主要特性，在未来与人类频繁交往的过程中可能有更多伦理上的问题需要引起学者的注意和重视。周程与何鸿鹏（2018）在研究中提到人工智能未来可能会引发诸多伦理与社会问题，包括失业问题、隐私问题、算法偏见、网络安全问题、机器伦理，如是否享有平等权利等问题。[1]关于失业问题的探讨从机器诞生的第一天起就从未平息，工业革命时期自动化生产机器的出现剥夺了许多工人的劳动，更加智能化、声称取代人类的机器人出现时，人们对于智能机器人带来的失业的风险就更加敏感。但是关于数据隐私、算法偏见、网络安全等问题随着数字技术的不断发展越来越受到人们的重视和关注。一些学者提出科学技术的发展不能忽略伦理道德讨论，因为科学技术解决的是"能不能"的问题，而伦理学解决的是"该不该"的问题。[2]

此外，聊天机器人在心理健康领域的应用和快速发展，有可能对患者的心理健康咨询和治疗方面产生潜在影响。这一方面是由聊天机器人的机器属性的局限性导致的，如果机器无法正确地理解患者的困扰和需求并积极进行干预和开导，那么可能会造成加重患者心理问题的危害。另一方面，更重要的是心理咨询师或者心理医师本质上是一个对专业技术和职业道德要求都很高的职业，需要通过相应的考试拿到资格证书，例如抑郁症患者可能有轻生的欲望，那么心理医师就有责任尽最大可能地帮助患者走出阴霾。虽然心理咨询师只能对患者的心理健康治疗起到辅助性的工作，但其开导方式决定了患者能否接受"对症下药"的治疗。以 Woebot 为例，Woebot 是由斯坦福大学心理学家和人工智能专家共同开发，用于帮助人们解决心理健康问题的聊天机器人。有不少文章在它正式推向市场后，指出了它潜在的问题和隐患，即数据安全隐患。因为 Woebot 不是一个有着医疗执照的医生，所以任何与

[1] 周程，何鸿鹏．人工智能带来的伦理与社会挑战 [J]．人民论坛，2018，25（2）：26-28．

[2] 邱仁宗，黄雯，翟晓梅．大数据技术的伦理问题 [J]．科学与社会，2014，4（1）：36-48．

它进行的对话都不受医学数据隐私和安全法律的保护，这也就意味着对话数据的泄露将会给用户带来很大的困扰。用户与 Woebot 的对话是在 Facebook Messenger 上进行的，虽然斯坦福的开发团队已经对所有的用户数据进行匿名化处理，即数据脱敏，但是 Facebook 的后台能够明确知道用户的个人身份，并且 Facebook 拥有所有对话内容。这无疑用户的隐私带来了极大的挑战。但是我们必须承认聊天机器人应用在心理咨询领域是有其价值的，因为它可以有效降低心理咨询的门槛，让更多人能够以可接受的价格、便利的方式，寻求心理健康问题的疏导。因此，面对这类潜在的伦理和隐私问题，我们应该要看到用户的需求，积极解决潜在隐患，即相关部门和政策制定者要做到"疏"而不"堵"，更好地完善监管措施及对策治理。

在人工智能技术以及情感识别算法的快速发展下，未来机器人很可能具备人的情感和感知，也就是具有自我意识的自动化系统，所以一些研究者也提出了技术是否能被赋予道德地位以及人类是否应该保护机器人的道德地位和法律权利的问题。[1][2] 微软小冰在中国的手机应用市场上线后，受到用户们的积极尝试，但随着用户对小冰对话能力的挖掘，开始在对话中加入一些比较污秽、极端的词汇来辱骂小冰，这一骂人事件一度引发了人们对于机器权利的讨论。有人认为，正是因为用户不断以一些粗俗的语言和语言暴力去训练、刺激小冰，才激发出小冰一些出格的语言，这充分体现了人类在网络世界中的不文明行为和有限的道德水平。微软发布的另一款聊天机器人 Tay 也引发了西方世界关于聊天机器人道德伦理问题的讨论，一些人声称 Tay 在 Twitter 上的恶劣行径意味着微软在聊天机器人领域技术开发意义上的成功，因为 Tay 只是遵循了学习机制，按照用户的要求重复并模仿他们的推文，说明聊

[1]　周程，何鸿鹏 . 人工智能带来的伦理与社会挑战 [J]. 人民论坛，2018，25（2）：26-28.

[2]　赵瑜 . 人工智能时代新闻伦理研究重点及其趋向 [J]. 浙江大学学报（人文社会科学版），2019，49（2）：100-114.

天机器人在模仿人类语言的自然语言处理技术上已胜利在望。[1] 无论是小冰还是 Tay 的事件都深刻揭露了一个技术伦理之间的博弈，即只强调技术发展极有可能会忽略聊天机器人的权利问题，进而会造成严重的社会问题。我们只是把机器的伦理道德问题寄希望于微软这样的科技公司是远远不够的，甚至是危险的，科技公司能做到的往往是出了问题及时补救，但是很难苛求科技公司在公司利益和伦理道德两者的权衡上，始终将伦理道德的考量放置于首位，这也可能造成科技公司很难对伦理道德问题采取全面的预防措施。因此，研究者有责任进一步探讨机器权利是否可能的问题并努力探讨出达成一致的行业公约，比如机器人是否拥有权利来维护自身利益？如果用户愿意跟机器人以朋友身份相待，那么机器人是否能够与人共享平等的社会、道德地位呢？……研究者对机器人伦理问题的讨论会直接影响国际人工智能与机器人伦理规范和标准的制定 [2]，所以有关领域的研究者要深入探讨并明确机器人的伦理边界与行为准则，以便为未来技术的发展提供具有前瞻性和适应性的规范，研究者还应积极参与国际伦理标准的讨论，确保在尊重人类核心价值观的前提下推动机器人技术的健康发展。此外，段伟文在对人工智能时代伦理规范的文章中也提到了，近些年日本、韩国、英国、欧洲及联合国教科文组织都对机器人伦理标准进行了较为充分的讨论，其中有些草案里还包括了对机器人工程师伦理准则、机器人研究伦理委员会伦理准则的出台和制定。[3]

[1] John West. Microsoft's disastrous Tay experiment shows the hidden dangers of AI[EB/OL]. https://qz.com/653084/microsofts-disastrous-tay-experiment-shows-the-hidden-dangers-of-ai.

[2] 段伟文. 人工智能时代的价值审度与伦理调适 [J]. 中国人民大学学报, 2017, 31 (6)：98–108.

[3] 段伟文. 人工智能时代的价值审度与伦理调适 [J]. 中国人民大学学报, 2017, 31 (6)：98–108.

3.4　智能虚拟助手的分类方式

从具身哲学的视角来看人机沟通的问题，人机交流在存在论意义上有着不可逾越的鸿沟，再完美的技术也无法解决机器因缺乏身体和生存体验所导致的障碍。但即便是这样，它也并不意味着人机之间没有对话的可能，在复杂的人类交流现象中，我们能够区分出不同的信息交流类型，有些类型的交流是计算机特别擅长的，有的类型对于计算机来说则显得无能为力。

美国哲学家威廉·詹姆斯（William James）曾经将人类交流所涉及的知识类型划分为相识的知识（Knowledge of Acquaintance）和相知的知识（Knowledge-about）两种。相识的知识是一种直接感知的知识，从比较理想化的类型学意义上说，它是由身体感知而直接得到的知识，是尚未经过对象化反思和分析的那种知识。对于这种知识，我们可以在日常的生活中熟悉和把握，但是"却说不出任何关于这些事实的内在特征以及是什么使这些事实形成现在的性质。我不能将这些事情的知识告诉不曾熟悉这些事情的人。我不能描述它们，不能让一个盲人猜测蓝色是什么样子的……我至多能告诉朋友们到某些地方去，并且以某种方式行动，这些对象就可能会出现"。[1] 显然，这是一种高度依赖身体感知的经验知识，也即人们通常所说的"只可意会，不可言传"的感知性知识。与此相对的是"相知的知识"，它是一种基于反思或概念判断的知识类型，是在原初经验基础上所形成的观念上的理性知识。这种知识是在感性知识基础上形成的形式化的知识，也是适合计算机处理的知识。

作为詹姆斯的同道和朋友，哲学家约翰·杜威（John Dewey）据

---

[1] 威廉·詹姆斯.心理学原理 [M].方双虎，译.北京：北京师范大学出版社，2017：170.

此将人类的交流类型简约地分为"传递"（Transmission）和"传播"（Communication）两类 [1]，传播学家詹姆斯·凯瑞将其发展为"传播的传递观"（A Transmission View of Communication）和"传播的仪式观"（A Ritual View of Communication）。[2] "传播的传递观"是指将信息准确地进行跨时空传递。它体现了前面提到的语义论传播观念的理想：信息可以不受身体和时空限制而肆意传播。而"传播的仪式观"则更多地对应生存论意义上的传播观念，重视情感交流、融洽关系、表明态度、宣泄情绪，甚至是活络气氛等。对于具身性的仪式传播而言，场景氛围和关系融洽的重要性远高于信息的传达或告知功能。比如家庭成员之间的闲聊絮叨并不是为了传达什么信息，而是单纯地为了融洽或调节气氛。凯瑞从文化人类学的视角上将这种类型的交流视为文化"意义"的共享，有如人类"仪式"活动所起的凝聚团结功能。

在聊天机器人的设计中，两种人类的交流类型都会成为研发者的目标，人们会将两种基本类型的交流设计为知识问答、工作秘书、社交模拟等具体应用。沙特曼（Shechtman）和霍洛维茨（Horowitz）概括了三类人机对话的目标：（1）"任务目标"：对话用于传递信息以实现对话者的计划和行动；（2）"沟通目标"：对话过程不仅能够准确地传播消息同时还能减少双方的沟通障碍；（3）"关系目标"：这是对话的终极目标，除了信息本身外，更注重的是对话过程中的情感交流和关系建构，并通过对话来维持某种特定的人机关系和聊天氛围。[3] 与此相应，人机对话系统的目标在于实现以下三类对话类型：（1）"知识问答类对话"："问答系统需要基于多种数据源的丰富知识对用户提出的问题提供简洁、直接的回答。"（2）"任务执行类对话"：聊天机器人能完成用户指派的某一特定领域的任务，该系统可以基于用户反馈和机器学习完成用户

[1] 詹姆斯·凯瑞. 作为文化的传播 [M]. 丁未，译. 北京：华夏出版社，2005：3.

[2] 詹姆斯·凯瑞. 作为文化的传播 [M]. 丁未，译. 北京：华夏出版社，2005：4-5.

[3] Shechtman N, Horowitz L M. Media inequality in conversation: how people behave differently when interacting with computers and people[C]//Proceedings of the SIGCHI conference on Human factors in computing systems. 2003: 281–288.

的目标任务，比如预约餐馆、安排会议时间等。（3）"社交类对话"：社交类对话的设计目的是让机器人能够加入人类的日常对话场景中，机器人能够对人类社交性质的交流进行无缝衔接，在提供情感支持的同时还能提供合理化建议。[1] 显然，这三种目标是对前述人类交流类型的反映，是上述人类交流的两种典型类型加上一种非典型类型。

因此，基于上述人机对话类型的划分，研究者又进一步把智能虚拟助手分为两大类，任务导向型助手（Task-oriented Assistant）和闲聊型机器人（Chitchat Chatbots）。以信息传递为基础的任务导向型助手，主要由知识问答类对话和任务执行类对话组成，这两类对话所涉及的内容较容易进行技术化、程式化处理；另一个类型则是以情感交流、关系融洽或意义共享为目的的闲聊机器人，其目的在于替代人类谈话者而成为能与用户进行情感交流和陪伴的存在。

任务导向型助手的开发目前已经较为成熟，可以被应用在商业领域为用户提供客户服务（Customer Service）[2] 或者作为虚拟的生活助理、办公助理 [3]，比如它能够24小时地为用户提供信息服务，快捷便利地帮助用户获取信息，同时也能实现较为简单的导购或者售后服务功能。被用于任务导向型的智能机器人，在很大程度上是基于问答系统的进一步开发实现的。任务导向型机器人处理信息的过程通常会包括三个步骤：第一部分是机器对问题的理解，第二部分是知识的查询与搜索，第三部分则是答案的生成。第一部分和第三部分都关乎自然语言处理的工作，第二部分则是涉及知识图谱，简要来说就是把自然语言处理过程与知识图谱的内容有机地结合到一起，生成问答系统

---

[1] Gao J，Xiong C，Bennett P，et al. . Neural approaches to conversational information retrieval[M]. Heidelberg：Springer，2023：132-133.

[2] Xu A，Liu Z，Guo Y，et al. . A new chatbot for customer service on social media[C]// Proceedings of the 2017 CHI Conference on Human Factors in Computing Systems. 2017：3506-3510.

[3] Shah H，Warwick K，Vallverdú J，et al. . Can machines talk? Comparison of Eliza with modern dialogue systems[J]. Computers in Human Behavior，2016，58：278-295.

所需要的答案。这是仅就任务导向中的对话系统而言的，其关键在于知识图谱所容纳的数据源有多庞大。

社交闲聊机器人则强调了用户的情感体验，产品的设计初衷是希望能随时随地满足用户的社交需求和陪伴需求，也正因为如此，该类型的聊天机器人在开发上仍存在较大的局限性。由于缺乏肉身及生物有限性的特征，机器缺乏人类意识的意向性以及对意义的理解，聊天机器人对自己所"说"的一无所知，社会交际这样高度具身化的行为，对于无身的机器人而言，不啻为一种几乎无法胜任的工作。

3.5　本章小结

本章对智能机器人的演进脉络进行了提纲挈领的梳理，将早期聊天机器人的雏形到专家系统的发展，再到聊天机器人的商业化应用等几个里程碑式的阶段进行系统性整理。美国作为智能机器人发展的主要阵地，也是最早将智能机器人的应用商业化、民用化的国家，而这一进入日常生活的进程离不开新闻媒体的宣传与报道，笔者还从历时性的角度分析了 2016 年至 2020 年美国媒体中有关智能虚拟助手的文章，对文章采用主题模型的方法，归纳出五类主题，分别是科技、虚构性故事、日常生活、艺术与展览、政治。科技始终是媒体报道中讨论最多的主题，但是近些年，媒体上关于智能虚拟助手的主题开始由虚构性故事向日常生活变迁，越来越多的专栏作者开始记录他们与人工智能产品的互动，以及互动背后的反思。因此，当机器人走进寻常生活之时，媒体所营造的环境也正是给了受众一个契机将技术与生活比肩讨论，提高了智能设备的普及率。

笔者发现，随着机器人从传统的军事领域开始进入商用、民用领域，机器人应用的范围也更加广阔，与用户需求的适用性也进一步得到增强。但其在发展过程中仍然面临不少问题，尤其是本书重点探讨的智能虚拟助手（亦称聊天机器人）面临着如下问题：技术瓶颈、用户黏性差、伦理与社会问题，其中包括失业问题、隐私安全问题、算法偏见、网络安全问题、机器权利和道德代码等问题。这些问题都成为未来智能虚拟助手发展亟待解决的问题。本章也从传播学的视角引入凯瑞的"传播的传递观"和"传播的仪式观"两个概念来试图解释在传播学意义层面人机交流的可能性，智能虚拟助手是如何通过不同的对话目的实现对话中的传播行为的。最后，笔者还采纳了沙特曼和霍洛维茨对人机对话目标的划分，进一步将虚拟智能助手划分为两个类型，分别是任务导向型助手和社交闲聊型机器人。这两类智能虚拟助手的梳理和划分为本书的后续章节奠定了研究基础。

第四章

人工智能产品的用户画像

4.1 研究设计与问卷基本情况

为了描摹当前人工智能产品的用户画像，笔者设计了一份用户对人工智能产品认知、态度和使用行为的调查问卷，该问卷属于刘德寰教授主持的建设全媒体传播体系课题研究的大型问卷调查子问卷。该问卷面向全国范围内随机配比抽样的被访者，该调查于 2020 年 8 月在全国范围内进行，涉及 31 个省（区、市），各省市分布比重如表 4.1 所示。问卷发放的形式是被访者通过在线问卷链接填答问卷，抽样方法上采用的是等比例配额抽样，共回收 2999 份问卷样本数据，具体样本人口统计特征见表 4.1（含性别、年龄、受教育程度和城市线级的分布情况）。样本的平均年龄为 31.6 岁（SD＝10.9），表 4.2 为受访样本所居住的省份分布情况。

表4.1 样本人口统计特征（N＝2999）

变量	变量取值	频数	比例（%）	变量	变量取值	频数	比例（%）
性别	男	1557	51.9%	受教育程度	初中及以下	25	0.8%
	女	1442	48.1%		高中／中专／职高	1025	34.2%
年龄	15—19 岁	420	14.0%		大专	749	25%
	20—24 岁	583	19.4%		本科	1050	35%
	25—29 岁	462	15.4%		硕士	139	4.6%
	30—34 岁	379	12.6%		博士及以上	11	0.4%
	35—39 岁	458	15.3%	城市线级	一线城市	540	18%
	40—44 岁	252	8.4%		二线城市	899	30%
	45—49 岁	215	7.2%		三线城市	600	20%
	50—65 岁	230	7.7%		四线城市	480	16%
					五线城市	480	16%

表4.2　问卷受访样本的居住省份分布情况

省（区、市）	样本量	有效百分比（%）
北京	152	5.1%
上海	129	4.3%
天津	60	2.0%
重庆	29	1.0%
辽宁	204	6.8%
吉林	72	2.4%
黑龙江	100	3.3%
河北	121	4.0%
山西	85	2.8%
内蒙古	54	1.8%
江苏	93	3.1%
浙江	75	2.5%
安徽	115	3.8%
福建	51	1.7%
江西	63	2.1%
山东	124	4.1%
河南	124	4.1%
湖北	113	3.8%
湖南	89	3.0%
广东	405	13.5%
广西	109	3.6%
海南	25	0.8%
四川	183	6.1%
贵州	61	2.0%
云南	39	1.3%
西藏	7	0.2%
陕西	155	5.2%
甘肃	41	1.4%

续表

省(区、市)	样本量	有效百分比(%)
青海	19	0.6%
宁夏	32	1.1%
新疆	70	2.3%
总计	2999	100.0%

除了上述问卷中涉及的人口学统计变量，问卷还主要考察了用户的媒介使用情况、人工智能产品的认知情况、认知渠道、风险感知、兴趣程度等方面。同时通过因子分析、方差分析等来解读用户对于人工智能产品的态度和认知。该部分为本书论述现实情况奠定研究基础，因为只有先对当前用户画像进行刻画，明确使用智能产品的人群特征，我们才能更好地理解和分析日常生活中人们使用智能产品的态度和行为，这也为阐述人工智能技术和社会变迁，人、机、物三者互嵌共生提供重要的研究基础。

问卷共分为三部分，分别探测不同类型的研究变量。第一部分为个人基本信息，其中包括性别、年龄、居住地、受教育程度、婚姻状况、职业和工作情况、个人收入等。第二部分为媒介使用情况，包括使用媒介的种类和使用时间，以及对技术的知晓情况等，该部分是为了对照分析不同媒介使用情况与用户使用人工智能产品的相关性，以期了解用户对不同媒介的时间依赖程度。第三部分为人工智能产品的认知和使用情况，包括对人工智能的认知情况、认知渠道、使用过的智能对话机器人产品和功能、产品需要改进之处、智能对话机器人对生活的影响、未来机器人社会中可替代性的社会职业等问题，同时还包括使用人工智能产品时风险感知、兴趣程度以及智能机器人执行不同任务时的接受情况的问题。相比于 AI 在人们生活中的实际应用研究而言，关于社会和用户感知和接受 AI 技术的程度的研究相对较少。鉴于人工智能技术已经逐步融入人们的日常生活这一现实情况，探讨用户对当前人工智能产品的认知和使用情况具有重要意义。

4.2 人工智能产品的使用情况与用户画像

本章节研究者主要通过分析问卷调查的数据了解当前用户使用人工智能产品的基本情况，并根据使用行为和用户的基本人口学变量等指标来勾勒用户画像。

4.2.1 人工智能产品的认知和使用情况

研究首先分析了被调查用户对当前技术的了解情况，在列出的十项技术中，知晓度较高的技术分别是5G（77.2%）、3D打印（52.5%）、图像识别（47.9%）、云计算（44.0%）、VR/AR（38.7%）等，如图4.1所示。而知晓度较低的主要是一些涉及专业术语名称的技术，如算法推荐（10.5%）、自然语言处理（14.5%）。总的来说，该数据结果在一定程度上说明，与大众生活关联越紧密的技术或者发展时间较长的技术知晓程度越高，如5G宣布商用后，市场热度高涨不下，各行各业都试图获得5G带来的红利，5G通信技术与手机通信和使用具有高相关性，这也意味着5G技术会成为人们日常生活中最常使用的技术之一。虽然3D打印技术不像5G技术应用范围广，或者说与3D打印技术相关的主体不够多样，但是它的概念从20世纪90年代就开始逐步出现在大众视野之中，这就给予该技术较长的普及时间和缓冲期，使其用户知晓度较高。

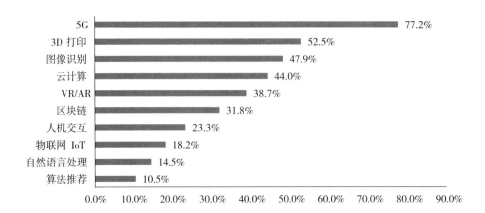

图4.1　用户对当前技术的了解情况

在近 3000 个被访样本中，仅有 437 人（14.6%）没听说过人工智能，大约 16.9% 的人体验过相关人工智能产品，见图 4.2。笔者将该结果与用户的性别、年龄、受教育程度、收入等人口变量进行交叉分析和卡方检验发现，性别和收入对于用户是否听说以及是否体验人工智能产品没有显著差异，但是年龄和受教育程度在双变量分析中的卡方检验结果显示存在显著差异。相对来说，年龄稍长的用户听说过人工智能产品的比例低于年轻用户；在体验过人工智能产品的用户中，年轻群体的比例也高于中年群体的比例。从学历的变量来看，受教育程度的高低对于听说过人工智能产品的用户人群影响不大，普遍比例都较高。

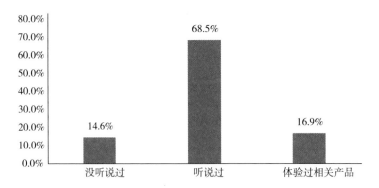

图4.2　用户对人工智能产品的认知情况

　　笔者将研究重点进一步聚焦于听说和体验过相关人工智能产品的用户群体中，想要了解用户是从何种渠道了解人工智能产品的，结果如图4.3所示。数据显示，用户最主要的认知渠道仍然是新闻资讯（33.8%），其次是视频/短视频/直播平台（30.7%），再次是电视节目/影视作品（25.7%），微博（23.8%），微信公众号/朋友圈（22.6%），搜索引擎（21.9%），在线社区（如知乎、论坛、小红书等）（20.7%）。总体来看，信息获取渠道的分布情况与人们获取一般资讯的信息渠道来源相类似，主要是通过新闻与社交媒体。但值得注意的是，视频/短视频/直播平台是占比第二的渠道，电视节目和影视作品这一渠道跃升至第三位，成为用户了解人工智能产品的重点渠道，这与以往获取一般资讯大相径庭，一方面说明，视觉信息正逐步成为人们获取资讯的主要媒介，另一方面说明一些科幻题材或者超现实题材的视频影视作品对用户的认知行为的塑造有着潜移默化的影响。与之相比，更加具备专属性、科普属性的渠道反而被用户冷落，如行业会议（5.2%）、专业书籍（9.8%）等，可能由于这些专业渠道具有较高的认知门槛，相当于设置了两道门槛，第一道门槛是用户门槛，第二道门槛才是渠道门槛，这必然会降低渠道的影响力。

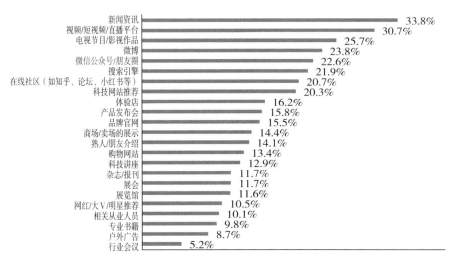

图4.3　用户对人工智能产品的认知渠道情况

另外，在网红经济和粉丝经济盛行的当下，用户通过网红、大 V、明星推荐来获取人工智能产品认知的比例也相对较低，一方面可能说明科技消费还未成为国内消费领域的主流，同时科技产品也并非网红经济和粉丝经济聚集的主战场；另一方面可能说明在科技产品领域，有影响力的网红和明星相对带动更少关注人工智能产品。

问卷还调查了当前用户使用人工智能产品的基本情况，根据研究者设置的选项，被访者可以采用多选的方式进行填答，数据显示，在问卷提示的众多人工智能产品中，使用智能助理类的虚拟机器人用户数量稳居首位，占比约为 22.2%，高出第二位的人工智能类翻译超 5 个百分点。其他使用较多的人工智能产品还包括智能家居（14.1%）、无人机（13.3%）、人工智能可穿戴产品（12.7%）、AI 手机（10.6%）等（见图 4.4）。

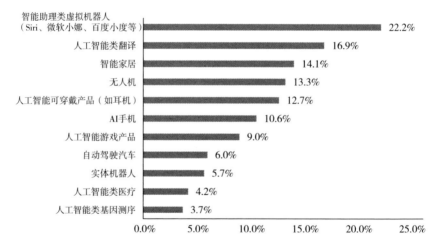

图4.4　使用人工智能产品的情况

笔者在问卷中列出 57 个可供选择的智能家居产品选项，根据被访者填答的实际使用过智能家居产品的情况，文中呈现出前 36 个使用频率最高的家居产品（见图 4.5）。位居榜首的是扫地机器人（29.0%），高出第二名 6 个多百分点，在智能家居中，扫地机器人的普及率相对较高，扫地是日常家务，同时，在家居设备中，扫地机器人较早地打开了智能家居市场。其次使用最多的是智能冰箱（22.6%）、智能电视（21.0%）、智能音箱（21.0%）。冰箱与电视是家居生活的必备家用电器，毋庸置疑有着较高的使用率。但作为本书主要的研究对象之一的智能音箱在短短几年时间里市场认知度、使用率及市场占有率迅速飙升，甚至超过了前些年风行的智能手表（19.4%）和智能手环（19.4%），其原因离不开自然语言处理技术和语音识别技术的快速发展，以及相关"明星产品"的出圈热潮带来的影响力。本书的后续章节会对智能音箱和智能助手进行详细的讨论。总体而言，智能家居产品的使用情况分布相对较为均衡，智能技术主要与一些日常家居中的生活用品、物件相结合，如牙刷（12.9%）、水壶（14.5%）、闹钟（9.7%）、净水器（8.1%）、镜子（6.5%）等。

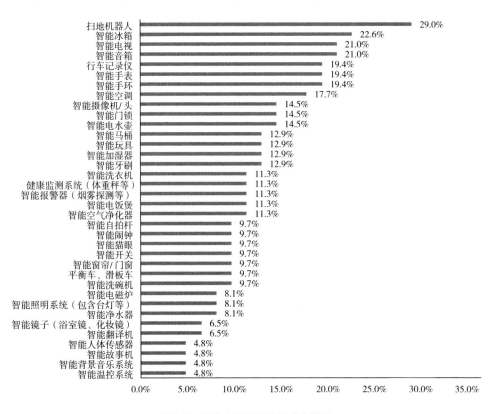

图4.5 智能家居产品使用分布情况

　　为了更好地探测用户对人工智能技术和产品的认知，研究者在问卷中询问了用户对不同领域的人工智能产品的期待情况，结果如图 4.6 所示。在所列出的 20 个行业／领域中，用户最期待人工智能产品能够应用在交通出行中（35.1%），一方面体现了用户对于智慧出行和智慧交通城市的期待度很高，另一方面也说明当前交通出行仍存在一些问题制约用户的日常生活。位居第二的是智能助理（34.2%），说明当前人们对于智能助理的需求是很旺盛的。初代的智能助理（如 Siri、微软小娜等）已经让用户体验到了智能工具的实用性和便捷性，而当前技术仍有许多不完善之处，因此催生用户对于该领域智能产品的更多期待。其他备受用户期待的领域还包括娱乐（31.7%）、家居（31.2%）、医疗（31.0%）、教育（28.4%）、购物（28.3%）等。对娱乐领域人工智能产品的需求体现了用户在精神生活方面的需求，而其他如家居、医疗、教育、购物等领域皆与民生息息相关，衣、食、住、行场景中的物品和智能系统仍然是未来智能产品需逐个强化专攻的领域。

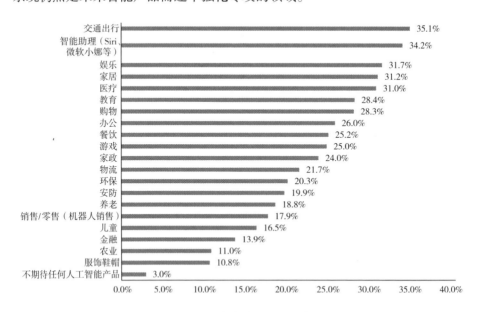

图4.6　人工智能产品的期待情况

4.2.2　人工智能产品的用户画像[1]

在这个研究中，我们试图刻画用户的族群画像，同时也需要探寻变量之间的一种非确定性关系趋势，并通过构建回归模型来拟合现实情况，对模型进行解释和分析，同时预测市场发展趋势。在多元回归模型中，变量会以不同统计方法进行变形，其目的是更好地拟合变量在社会时间中的变化趋势。由于人工智能技术以及智能虚拟助手技术仍处于一个不断发展的进程，这种动态变化的趋势会促使研究者需要探寻一个渐进式的发展变化规律，因而采用回归的方法来建构模型。但由于本书要细致分析每一类群体所具有的群体画像的规律和特征，简单的线性回归方式对结果的解释作用就会受到一定影响，所以研究者更倾向于采用非线性回归的方式构建回归模型。研究者参考了前人关于非线性模型的相关研究，发现为了更好地讨论在社会空间中社会时间的影响，刘德寰在研究中提出多种拟合的方式来延续社会时间的影响。[2]这与本研究在探讨不同年龄段人群对于人工智能产品的使用和态度时有较大的关联性，因为技术是一个延续发展变化的过程，技术对人的影响也是逐步呈现于社会时间之中的，因此，在数据建模时也会考虑使用非线性化的多元回归来对现实情况进行拟合。通过对"年龄"等变量的变形和转换，可以改变我们对年龄的直线型认知，使得加载和内化于个体身上的时间维度能更好地映射人的行为。"人们积累经验的过程不是线性化的，尤其将年龄作为一个时间刻度的时候，可能在年轻的时候增加的速度快，年龄大的时候慢，使得许多用线性方法来解决发展式的态度（行为）模型都存在缺陷。"[3]因此，通过对加载到人身上的社会时间变量进行多种统计方式的尝试，会使得年龄或者与时间有关的变量的解释力都得到显著提高。因此，本研究在构建回归模

[1]　本节部分内容参见王袁欣，刘德寰. 接触与采纳：基于人工智能早期体验者的创新扩散研究 [J]. 现代传播（中国传媒大学学报），2023，45（2）：78-87.

[2]　刘德寰. 年龄论：社会空间中的社会时间 [M]. 北京：中华工商联合出版社，2007：70.

[3]　刘德寰. 年龄论：社会空间中的社会时间 [M]. 北京：中华工商联合出版社，2007：70.

型时，拟采用刘德寰提出的深描式回归分析方法。因此，研究者认为本研究所构建的数据模型不应该仅仅局限于找到变化趋势，更重要的是我们能够借助模型更加准确地、细致地刻画、分析智能时代用户社会生活的画像。

虽然线性回归是被应用最广的回归模型，但是线性回归会受制于模型假设，比如线性回归要求因变量是定距变量，但是在实际社会研究中常常会出现因变量是名义变量、定类变量的情况，即因变量会在"是""否"二分变量之间取值，此时就不适用于线性回归。因此，当因变量是二分变量时，我们需要采用 Logistic 模型来处理，Logistic 模型是一种广义线性模型（generalized linear models）。本研究中在刻画不同智能虚拟助手用户画像时，主要是把被访者是否是该人工智能产品的用户作为判断依据，因而因变量是二分变量，需要利用 Logistic 回归模型进行建模。

研究在构建多元回归模型时还考虑模型变量中的交互效应，即在自变量中纳入变量的交互设计。交互项设计就是在回归方程中加入两个或多个自变量的乘积。因为回归模型中纳入交互项之后，参与构造交互项的自变量对因变量的作用主要是依赖于交互项中其他自变量的取值，也正因如此，交互效应也被称为条件效应。[1] 交互效应能够凸显变量在模型中的作用，提高分析者对模型解释的精确性。研究也采用刘德寰提出的"历程扩散分析法"，通过历程性的视角来梳理智能产品的发展历程。[2]

在本节中研究者主要通过问卷数据来粗略刻画当前使用与未使用人工智能产品的用户画像。为了测量用户对人工智能产品的认知和体验情况，问卷设置一道题目为"您对人工智能产品的认知情况如何？"在调查的 2999 份有效样本中，选择"体验过相关人工智能产品"的被访者数量为 508 人，占调查人数的 16.9%；选择"听说过但没有体验过"的被访者数量为 2054 人，占

---

[1] 谢宇. 回归分析 [M]. 北京：社会科学文献出版社，2013：235.

[2] 刘德寰，刘向清，崔凯. 正在发生的未来：手机人的族群与趋势 [M]. 北京：机械工业出版社，2012：88–123.

调查人数的 68.5%；而"没听说过"的被访者共有 437 人，占比 14.6%。这三类人群比例与罗杰斯利用平均值和标准差提出的五类创新采用者的比例高度一致：创新先驱者（2.5%）与早期采用者（13.5%）的比例加和为 16.0%，早期大众（34.0%）和后期大众（34.0%）的比例加和为 68.0%，落后者的比例为 16.0%。

由于族群研究主要是针对具有显著特征的族群进行描摹，同时，基于小群体画像的 Logistic 回归分析刻画更具有代表性和指向性，因此本研究在刻画人工智能产品的用户画像时，着重描绘"未听过人工智能产品"和"体验过人工智能产品"的人群，以此将特征属性较为明显的群体进行对比和梳理。

首先，研究者先对"未听过人工智能产品"的群体进行研究。在该群体中，15—19 岁的比例为 5.7%，20—24 岁的比例为 10.8%，25—29 岁的比例为 11.7%，30—34 岁的比例为 14.6%，35—39 岁的比例为 15.8%，40—44 岁的比例为 15.3%，45—65 岁的比例为 26.1%。其中，受教育程度在高中及以下的比例为 43.5%，大专及本科的比例为 50.3%，硕士及以上的比例为 6.2%。从基本的人口变量分布情况来看，"未听过人工智能产品"族群中老年群体比重大，受教育程度在高中及以下的比例较高。除简单的描述性统计分布外，研究进一步对该群体做了深描式 Logistic 回归分析。

研究者将人工智能产品认知情况的结果分别与填答者的性别、受教育程度等人口变量进行交叉分析和卡方检验（见表 4.3）。数据显示，性别差异对用户的人工智能产品认知情况没有显著影响（$p = 0.611$），但是受教育程度的卡方检验结果有显著差异（$p = 0.000$），即受教育程度高低会影响人们使用和体验人工智能产品行为。同时，研究者把"未听过人工智能产品"和"体验过人工智能产品"的人分为两组进行独立样本 T 检验（见表 4.4），发现两组用户的年龄具有显著差异（$p = 0.000$）。所以年轻、受教育程度高的用户在体验人工智能产品方面的比例要高于其他群体。

表4.3　人工智能产品认知情况×性别/受教育程度的交叉表及卡方检验结果

		未听过人工智能产品（人）	体验过人工智能产品（人）	皮尔逊卡方检验	
				Value	Sig.（双侧）
性别	男性	236	265	0.985	0.611
	女性	201	243		
受教育程度	初中及以下	6	3	97.9	0.000
	高中	184	121		
	大专	109	103		
	本科	111	231		
	硕士	23	48		
	博士及以上	4	2		

表4.4　独立样本T检验结果

	未听过人工智能产品			体验过人工智能产品			t	Sig.（双侧）
	均值	标准差	标准误	均值	标准差	标准误		
年龄	36.51	10.99	0.526	26.72	7.17	0.318	16.431	0.000

随后，在构建 Logistic 回归模型时，研究者构建了两个回归模型，一个是简单的人口学自变量模型，另一个是包含了人口学变量交互效应的模型（见表4.5）。研究所采用的人口统计学自变量与 IDT 中所强调的社会地位因素一致，包括年龄、性别、受教育程度、个人月收入、独生子女、工作单位属性、车房拥有情况、少年时期居住地、婚姻状况、生活水平层次、城市线级等人口统计变量。模型一结果表明，影响"未听过人工智能产品"群体的自变量有年龄、独生子女、工作单位属性、有车、少年时期居住地、生活水平所属层次、个人月收入、城市线级等。其中年龄越大，处于三、四线城市的较低收入、无车的人群更可能是"未听过人工智能产品"群体的组成者。

在族群特征的研究中，研究者通常会在模型中考虑交互效应对因变量的影响，一方面是因为单一变量可能会造成模型的不稳定，另一方面也是为了更好地拟合日常生活中社会空间和社会时间的非线性特征。[1][2] 所以，本研究也对部分自变量的交互效应进行探测，由此建构了模型二。在模型二中，城市线级和年龄的交互变量的结果都是显著的，即说明城市线级和年龄的交互效应对于人们是否听说过人工智能产品有影响。模型二的解释力 R^2 为 0.213，高于模型一的 0.159。

表4.5　"未听过人工智能产品"群体的Logistic回归模型

自变量	模型一		模型二（Two-way interaction）	
	B	**p**	**B**	**p**
独生子女	0.444***	0.001	0.317*	0.016
工作单位属性（体制内）	−0.313*	0.015	−0.277*	0.035
男性	−0.083	0.486	−0.093	0.445
有房	−0.441*	0.026	−0.432*	0.031
有车	−0.213	0.221	−0.309	0.087
受教育程度	−0.031	0.681	0.025	0.745
少年时期居住地—乡镇农村	−0.514**	0.006	−0.539**	0.005
单身	−0.230	0.319	−0.186	0.474
生活水平所属层次	−0.147*	0.003	−0.140**	0.005
个人月收入	0.222**	0.002	0.163*	0.027
城市线级	0.564***	0.000	−2.733	0.278
年龄	0.045***	0.000	−1.270	0.098
年龄的平方			0.043*	0.024
年龄的立方			0.000**	0.010
城市线级 × 年龄			0.398*	0.044
城市线级 × 年龄的平方			−0.013*	0.012
城市线级 × 年龄的立方			0.000**	0.005
常数	−4.620***	0.000	5.817	0.585
因变量 Y：未听过人工智能产品：1= 是（N=508），0= 否（N=2491）				
Nagelkerke R^2	0.159		0.213	

注：* 代表显著性水平 < 0.05，** 代表显著性水平 < 0.01，*** 代表显著性水平 < 0.001。

[1]　刘德寰 . 年龄论：社会空间中的社会时间 [M]. 北京：中华工商联合出版社，2007.

[2]　刘德寰，王袁欣 . 移动互联网时代健康信息获取行为的族群研究 [J]. 现代传播（中国传媒大学学报），2020，42（11）：141–147.

　　图 4.7 为城市线级和年龄交互效应的可视化呈现。结果显示，人们随着年龄的增长就越有可能对人工智能产品比较陌生、不了解，年长的人群构成该族群的比例高，而年轻用户构成该群体的比例较低。这在一定程度上说明，新科技和新技术的出现与普及存在一定的年龄门槛，年长群体对新事物的接受程度和接受速度都较年轻人弱，同时获取信息的渠道也较少，这可能是造成中老年群体对新事物缺少认知的重要原因。同时，人群所处的城市线级也在很大程度上影响大家对人工智能产品的认知情况。根据可视化图可知，不论什么年龄，三线城市及以下的人"未听过人工智能产品"的比例较高，相反，生活在一线城市的人对于人工智能新技术的接触渠道更多，对新技术的认知水平会稍高于其他线级城市。这就是卡斯特论及的空间不均等带来的互联网接触水平的差异，他曾引用马修·祖客（Maththew Zook）的研究来说明城市居民接触互联网的机会是乡村居民的两倍以上，同时互联网的使用者主要成片式地集中于特大城市。[1]

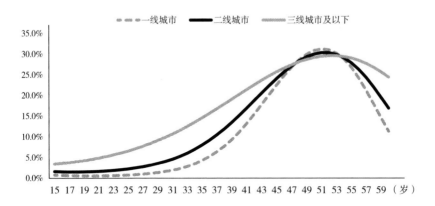

图4.7　"未听过人工智能产品"群体的Logistic回归模型

　　其次，研究者对"体验过人工智能产品"的群体进行研究。描述性统计分析结果显示，30 岁以下的人群比例为 66.7%，而 30 岁及以上的比例仅

[1]　曼纽尔·卡斯特. 网络社会的崛起 [M]. 夏铸九，王志泓，等译. 北京：社会科学文献出版社，2001：432.

有 33.3%。受教育程度在高中及以下的比例为 24.4%，大专及本科的比例为 65.7%，硕士及以上的比例为 9.8%。与"未听过人工智能产品"的群体相比，该群体从年龄构成来说普遍年轻化、高学历，大专及以上学历的占比达到 75.6%。研究者也针对该群体进行了 Logistic 回归建模（见表 4.6），模型一和模型二的结果皆表明，"人工智能产品早期体验者"具有年轻化的年龄结构特征，年龄在模型一中的系数为负（$B=-0.112$, $p=0.000$），模型 2 的系数也为负（$B=-0.395$, $p=0.035$），说明随着用户年龄的增长，具有人工智能产品体验经历的用户在减少，二者呈现负相关关系。随着年龄的增长，个体对科技创新的敏感性和兴趣度开始下降，继而减少对智能技术的了解。新技术的接受与普及也存在一定的年龄门槛，中老年群体对新事物的接受程度和采用率不及年轻人。

在移动互联网研究中，性别会对使用手机的上网行为产生影响。[1] 一些基于技术接受模型的实证研究发现，男性对技术的感知有用性更敏感，而女性则看重技术的感知易用性，同时技术接受中主观规范因素也存在性别的显著影响。[2][3]Venkatesh 在多个研究中强调了性别差异在技术接受研究中的重要作用 [4][5]。女性被认为是一个具有"技术红颜"（tech fatales）特征的人群，她

---

[1] 刘德寰，郑雪 . 手机互联网的数字鸿沟 [J]. 现代传播（中国传媒大学学报），2011（1）：101-106.

[2] Venkatesh V，Morris M G. Why don't men ever stop to ask for directions? Gender, social influence, and their role in technology acceptance and usage behavior[J]. MIS quarterly，2000：115-139.

[3] Venkatesh V，Morris M G，Davis G B，et al . . User acceptance of information technology：Toward a unified view[J]. MIS quarterly，2003，27（3）：429.

[4] Venkatesh V，Morris M G. Why don't men ever stop to ask for directions? Gender, social influence, and their role in technology acceptance and usage behavior[J]. MIS quarterly，2000：115-139.

[5] Venkatesh V，Morris M G，Ackerman P L. A longitudinal field investigation of gender differences in individual technology adoption decision-making processes[J]. Organizational behavior and human decision processes，2000，83（1）：33-60.

们比男性更喜欢使用手机，在购买科技产品时容易成为主导力量。[1]但本研究发现性别差异对个体采纳创新没有显著影响。笔者通过交叉分析的卡方检验以及模型一回归分析的结果，都发现性别变量的影响在统计意义上均不显著（$B=0.193$，$p=0.132$），说明性别不同不是影响个体采纳创新的主要因素。

此外，模型一中显著的自变量还包括受教育程度、工作单位属性、有车、有房、城市线级、现居住地等。与"未听过人工智能产品"群体相比，"人工智能产品早期体验者"群体特征有显著差异。首先，通过回归系数的差异体现影响的差别，男性、个人月收入、有车、有房、受教育程度、单身、现居地等变量的回归系数均为正数。其次，从个人月收入、有车、有房、受教育程度几个变量来看，该群体的经济条件较好，且有车、有房、城市线级、受教育程度等变量均显著。该模型还表明居住在一线城市的、有车有房、受教育程度高的年轻体制外从业者更容易成为"人工智能产品早期体验者"族群成员。

同样，研究者针对该群体也做了双变量交互效应的回归模型。在模型二中，研究者考虑了受教育程度和年龄的交互效应，结果显示，受教育程度和年龄的交互变量均显著，说明两者对是否体验人工智能产品具有共同作用。模型二的解释力R^2略高于模型一。

表4.6　"体验过人工智能产品"群体的Logistic回归模型

自变量	模型一		模型二 （Two-way interaction）	
	B	**p**	**B**	**p**
独生子女	0.014	0.916	0.042	0.763
工作单位属性（体制内）	−0.287*	0.031	−0.247	0.071
男性	0.193	0.132	0.182	0.159
个人月收入	0.139	0.060	0.130	0.091

[1] 马克·佩恩，金尼·扎莱纳．小趋势：决定未来大变革的潜藏力量 [M]．刘庸安，等译．北京：中央编译出版社，2008：273-274.

续表

自变量	模型一		模型二 （Two-way interaction）	
	B	***p***	***B***	***p***
有车	0.555**	0.010	0.560**	0.009
有房	0.622**	0.000	0.594***	0.000
城市线级	−0.358***	0.000	−0.367***	0.000
少年时期居住地——乡镇农村	−0.279	0.179	−0.300	0.150
现居住地——城市	1.792**	0.003	1.795**	0.003
单身	0.030	0.867	0.059	0.742
受教育程度	0.222**	0.003	9.279*	0.030
年龄	−0.112***	0.000	−0.395*	0.035
受教育程度的平方			−4.973*	0.026
受教育程度的立方			0.503*	0.030
年龄 × 受教育程度			−0.558**	0.004
年龄 × 受教育程度的平方			0.182**	0.005
年龄 × 受教育程度的立方			−0.018**	0.010
常数	−0.921	0.282	−13.768*	0.048
因变量 Y：体验过人工智能产品：1＝是（N＝437），0＝否（N＝2562）				
Nagelkerke R^2	0.262		0.270	

注：* 代表显著性水平＜ 0.05，** 代表显著性水平＜ 0.01，*** 代表显著性水平＜ 0.001。

为进一步展示交互效应的效果，笔者绘制了年龄与受教育程度交互的可视化图（见图 4.8）。"人工智能产品早期体验者"中，年龄在 15—20 岁的初、高中生以及 33 岁以下的研究生群体是主力军，年龄超过 25 岁则以高学历的硕士及博士人群为主，年轻化、高学历成为该群体的显著特征。如图所示，该群体的比例在不同受教育水平的人群中，年龄分布都呈现从青少年到中老年递减的趋势，即年轻人占据了该群体的主流。这在某种程度上也说明，年轻人对新技术、新科技产品的体验具有较大的热情，更愿意体验新事物。年龄不仅会影响个体对事物的认知水平，还会影响个体的具体行为。因为对新技术和新产品来说，从"听说、了解"到"体验"，这两者分属于不同阶段，具有截然不同的界限和标志，从前者到后者的转化需要一定的推动力。只有更多的用户从浅层次的认知了解进入深入体验阶段，才能说某种技术或者某种产品落地成功。

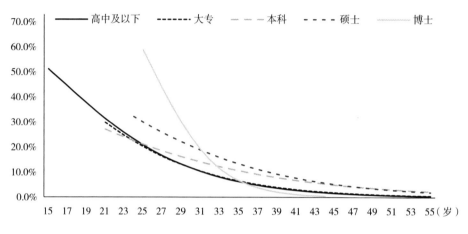

图4.8　"体验过人工智能产品"群体的 Logistic回归模型

社会经济地位的差异也会显著影响个体采纳创新的水平。除受教育程度外，协变量中如车/房拥有情况、现居住地、城市线级等在统计意义上均显著，说明经济基础好、一线城市、社会经济地位较高的人更有可能成为人工智能产品早期体验者。经济条件好的人有更多可能性去尝试新事物，生活在一、二线城市的年轻人接触新技术的渠道也更多，社会经济地位的差异会影响个体的创新采纳水平。这也意味着城市线级间的异质性容易形成受众偏好的区隔，在早期技术扩散时会影响扩散速率，减缓创新扩散历程。

有意思的是，当我们回望互联网发展初期，使用互联网人群的主要特征时，发现群体画像有着惊人的相似之处。卡斯特在《网络社会的崛起》一书中曾经提到互联网接触和使用人群中存在种族、性别、教育、年龄和空间不均等的问题。在早期互联网使用群体中，中国的互联网使用者中拥有大学学

位的比例高达 90%，中国的互联网使用者的平均年龄低于 30 岁。[1] 这与体验
人工智能产品群体的特征不谋而合，即教育学历和年龄是衡量人群特点的重
要指标，更进一步说明人工智能产品的接触和使用中教育和年龄的不平等问
题。刘德寰在研究中国互联网发展的创新与扩散时发现在中国使用互联网的
人群呈现出由低龄向高龄、由高文化程度向低文化程度层层蔓延的趋势，是
一种典型的递进式扩散。[2] 在本次人工智能产品使用的群体画像刻画中，我们
似乎又进入了一个类似于互联网使用时复现的创新扩散的循环，其趋势初见
端倪，我们有理由相信，该趋势有可能会成为另一个递进式扩散的范例，这
值得研究者对这一趋势保持持久的、历时性的关注。

4.3　本章小结

综合上述数据分析，研究有以下发现。第一，当前智能技术中，5G、3D
打印、图像识别、云计算、VR/AR 技术具有较高的用户辨识度。人工智能产
品用户具有年轻化的特征，用户获取人工智能产品的信息主要来源于新闻资
讯、视频 / 短视频 / 直播平台、电视节目 / 影视作品、微博、微信公众号 / 朋
友圈、搜索引擎、在线社区（如知乎、论坛、小红书等）渠道。与其他产品
相比，信息获取渠道最大的特点在于"电视节目和影视作品"成为用户了解
人工智能产品的第三大信息来源渠道，说明与科技、科幻题材相关的故事情
节和影视节目对于受众有潜移默化的影响力。具有科普属性的渠道在智能产
品的大众宣传效果方面遇冷，用户接受度不高。

第二，在人工智能产品中，用户使用最多的就是智能虚拟助手，其次是
智能翻译、智能家居、无人机等产品。由此可见，智能虚拟助手的用户市场

[1]　曼纽尔·卡斯特 . 网络社会的崛起 [M]. 夏铸九，王志泓，等译 . 北京 : 社会科学文献出
　　　版社，2001 : 432.

[2]　刘德寰 . 中国互联网发展的创新与扩散 [J]. 广告大观（理论版），2007（2）: 66.

广阔，其发展潜力巨大，也从侧面表明本书研究智能虚拟助手的必要性和重要性。研究还发现，用户最期待人工智能产品应用主要是在交通出行、智能助理、娱乐、家居、医疗、教育等场景中，说明人们对于人工智能技术进入日常生活以及家用化的需求强烈。

第三，研究者分别对"未听过人工智能产品"的族群和"体验过人工智能产品"的族群进行 Logistic 回归建模，用于描摹用户画像。研究发现"未听过人工智能产品"的族群特征集中表现为三、四线城市的中老年人，同时该人群无车、生活层次水平较低的可能性高。

第四，人工智能产品的早期体验者具有城市化、年轻化、受教育程度高、社会经济地位高的特征。通过 Logistic 回归分析发现，不论从先赋条件还是后致因素来看，人工智能技术和产品的体验具有一定的年龄、地域空间、学历以及经济条件的门槛：一线城市、经济条件好、有车有房的高学历年轻人会有更多机会接触和体验人工智能产品。罗杰斯也认为创新的早期采用者通常有更高的文化修养、受教育程度以及社会地位。社会地位通常表现为收入、生活水平、拥有的财富、职业声望、所处的社会阶层等方面。卡斯特论述网络社会的崛起时提出网络发展存在地域空间、城市乡村、年龄上的结构性不平等。空间不均等造成了互联网接触水平的差异，城市居民接触互联网的机会是乡村居民的两倍以上，同时互联网的使用者主要成片式地集中于特大城市。我国互联网早期发展时城乡之间也存在较为深刻的结构性差异，中国的互联网使用者中拥有大学学位的比例高达90%，中国的互联网使用者的平均年龄低于30岁。因而，接触和使用人工智能产品、互联网的人群中始终存在种族、性别、教育、年龄和空间不均等的边界问题。未来普及人工智能等数字化技术时要格外注意技术数字鸿沟的问题，政策应适当倾斜地向部分人群进行宣贯和指导。

第五，创新扩散研究中"S"形曲线刻画的是随时间累计的采用数量变化过程。在我国的实际创新推广实践中，年轻人对新技术、新产品的体验具有较大的热情，更愿意接触和体验新事物。互联网在年轻群体中扩散程度高，在老年群体中扩散速度慢。[1] 刘德寰在研究中国互联网发展的创新与扩散时发现在中国使用互联网的人群呈现出由低龄向高龄、由高文化程度向低文化程度逐层扩散的趋势，这是一种典型的递进式扩散。他采用过程视角提出中国互联网的发展历程是一个递进式创新扩散的论断，其发展路径是非线性的，并且以文化程度作为背景体现在创新过程中社会时间的延续性。[2] 与刘德寰2007 年的横截面数据结果对比发现，我们似乎又进入一个与之相类似的创新扩散时期：人工智能技术的接受曲线很可能遵循了互联网发展初期的递进式创新扩散的特点，该趋势有可能会成为另一个递进式扩散的范例。

[1] 吴世文，章姚莉 . 中国网民 "群像" 及其变迁——基于创新扩散理论的互联网历史 [J]. 新闻记者，2019（10）：25.

[2] 刘德寰 . 中国互联网发展的创新与扩散 [J]. 广告大观（理论版），2007（2）：66-70.

第五章

智能虚拟助手的用户画像与使用情况

5.1 智能虚拟助手的用户群像

研究者在本节先分析问卷调查的被访者对市面上智能虚拟助手的使用情况以及智能音箱的使用情况，了解这些智能虚拟助手的市场占有率，并勾勒出使用智能虚拟助手的用户画像，以及个别具有代表性产品的用户画像，如微软小冰、Siri、百度小度、天猫精灵和小爱同学。

研究者就当前市面上知名度、使用度较高的一些智能虚拟助手产品进行调查，总体而言，智能虚拟助手产品的使用分布也呈现出长尾效应（见图5.1）。对于国内的被访者而言，百度小度、苹果 Siri、小米小爱同学、天猫精灵是使用最多的智能虚拟助手，使用比例超过30%。但这四种虚拟助手的使用场景及普及原因却略有不同。百度是国内互联网企业中最早进行人工智能和语音识别系统研发的科技公司，小度语音助手通过嵌入百度旗下的高用户黏性的产品"百度搜索引擎"和"百度地图"能够较为顺利地进入用户市场，获取较高的产品知晓度，后来随着百度推出小度机器人和智能音箱后，小度的知名度得以进一步提升。苹果 Siri 也因苹果手机的市场占有量大以及公司较早进入语音市场而保有很高的市场占有率，Siri 一度借助于其幽默搞笑的对话段子在国内社交媒体出圈，也奠定了该产品在智能虚拟助手产品中的重要地位。而小米小爱同学和天猫精灵具有较高的用户使用率则是借助于智能音箱在智能家居生活中的兴起而带动的。随着智能产品不断推陈出新，智能产品应用的领域也不断拓展，智能家居就是智能产品普及化应用的典型代表。智能家居的热度近些年居高不下，以小米为主要代表的国内互联网智能家居产品已经受到许多年轻人的追捧，智能音箱以智能产品中性价比高的优势率先进入人们的日常生活，自带的虚拟语音助手更是开启了新一轮人机交互的热潮。

综合来看，在所调查的智能虚拟助手使用情况中，当前市场上使用率最高的产品主要都依附于智能手机或者智能音箱。

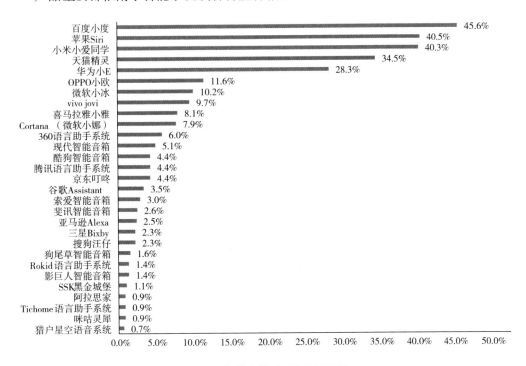

图5.1   智能虚拟助手的使用情况

由于研究显示智能虚拟助手在家居场景应用的广泛性，研究者进一步针对智能音箱——这一家居场景下使用的产品进行了用户市场调研。研究发现，在国内使用最为广泛的智能音箱产品是小米的小爱同学，根据问卷数据来看，其市场份额高达 46.2%，占领接近半数的智能音箱市场。紧随其后的是百度小度智能音箱和阿里天猫精灵，占比大约 30.8%（见图 5.2）。这与上述关于智能虚拟助手的使用情况结果较为一致。其他受到市场追捧的智能音箱还有索尼智能蓝牙音箱（23.1%）、苹果 HomePod（23.1%）、Hame 智能音箱（15.4%）等。其余的智能音箱设备只作为市场中的长尾零星地占据较少的市场份额。

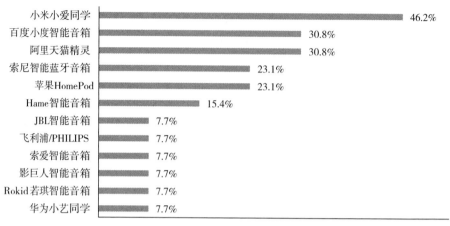

图5.2 智能音箱产品的分布情况

针对问卷中填答使用过智能虚拟助手的用户，研究者通过深描式 Logistic 回归模型勾勒该群体的用户画像。表 5.1 为使用过智能虚拟助手用户的回归模型。同上述人工智能产品用户群体画像一样，研究者先用人口统计变量作为自变量放入模型中，数据结果显示年龄、受教育程度、工作单位属性、城市线级、有房是影响智能虚拟助手用户群体的显著变量。年龄、受教育程度、有房的回归系数为正，其余显著变量的回归系数为负，说明年龄越大、受教育程度越高、一二线城市的体制外从业者更可能是该群体的成员。

模型二中研究者考虑了年龄和个人月收入的交互效应，结果表明个人月收入和年龄之间存在交互作用。加入交互变量后，原先显著的年龄、工作单位属性变量变为不显著，但个人月收入变量变为显著，说明交互变量会改变模型的效果。同时，加入交互变量后，模型的解释力 R^2 也有所提升。

表5.1 智能虚拟助手群体的Logistic回归模型

自变量	模型一		模型二（Two-way interaction）	
	B	*p*	*B*	*p*
独生子女	−0.012	0.928	−0.009	0.946
工作单位属性（体制内）	−0.284*	0.033	−0.243	0.072
男性	−0.070	0.584	−0.087	0.497
城市线级	−0.660***	0.000	−0.243***	0.000
有车	−0.175	0.349	−0.673	0.450
有房	0.354*	0.029	−0.143*	0.016
现居住地——城市	0.642	0.195	0.401	0.170
已婚	−0.318	0.074	0.682	0.156
受教育程度	0.191*	0.013	−0.254*	0.044
年龄	3.003**	0.006	0.157	0.201
个人月收入	−0.030	0.693	71.823*	0.043
年龄的平方			0.036	0.292
年龄的自然对数			100.544	0.157
个人月收入 × 年龄			2.210*	0.046
个人月收入 × 年龄的平方			−0.016*	0.050
个人月收入 × 年龄的对数			−36.502*	0.043
常数	82.284*	0.014	−202.467	0.144
Nagelkerke R^2	0.272		0.281	

注：* 代表显著性水平 < 0.05，** 代表显著性水平 < 0.01，*** 代表显著性水平 < 0.001。

图 5.3 为考虑交互效应的 Logistic 回归模型的可视化效果图。从图中可以看出，不同收入群体在智能虚拟助手用户群中分布的比例存在较大差异，整体分布大致呈"麻花"形态，具体来说，是在年龄和个人月收入上呈现了"双峰"的扩散趋势。25 岁左右的年轻用户和 40 岁左右的中年成熟用户是使用智能虚拟助手的主要群体。在主要人群构成中，可以看出月收入低于 5000 元的

青年群体是主力军，而 35 岁是个临界点，35 岁后主要族群群像开始发生逆转，中年的高收入群体开始更多地尝试和使用智能虚拟助手，其中可能的原因一方面是由于智能虚拟助手容易使用，因为智能虚拟助手往往内置于手机和智能音箱中，其操作使用对年龄以及技术操作的要求门槛低。另一方面可能是因为中年群体会为家里的小孩和老人添置智能音箱等智能家居，从而使这部分人群拥有更多的试用机会。

同时，在 25 岁和 40 岁两个峰态上，不同个人月收入的群体之间使用智能虚拟助手的情况分化最为严重。这与刘德寰等学者在研究中国人 4G 网络使用意愿的历程扩散模型非常相似 [1]，根据历程扩散模型的分布情况，可以预见，未来高收入的年轻群体和中年成熟用户将共同引领智能虚拟助手在中国市场的全面铺开。在互联网发展下成长起来的年轻人对于新鲜事物有着更强烈的渴求和尝鲜的驱动力，追求极致的用户体验，是各类智能产品的目标消费群体。同时高收入人群有更强的消费能力，能够带动智能虚拟助手市场的有效拓展。

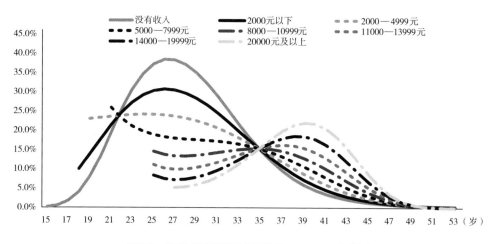

图5.3　智能虚拟助手用户群体的Logistic回归模型

综观了整体市场中智能虚拟助手的使用情况和用户画像外，研究者挑选

[1]　刘德寰，傅杰，崔凯，等著. 没有极限的未来：手机人全面解构产业 [M]. 北京：机械工业出版社，2014：167.

了部分市场知名度、占有率高的产品作为案例代表进行用户画像描摹。其一方面是为了剖析这些具有代表性的智能虚拟助手的用户画像，为后续分析人机交互关系的研究打好基础；另一方面也是为了通过用户画像来区分当下不同虚拟助手产品间的用户属性差异。

5.1.1　苹果Siri用户画像

研究者首先剖析了苹果手机自带的智能语音助手代表"Siri"。在问卷数据中共有 230 位 Siri 的用户，基于这 230 位用户的基本人口变量，研究者进行回归模型预测，采用了深描式 Logistic 回归模型描述用户画像，在模型中放入了受教育程度和年龄的交互变量，模型结果显示二者存在交互效应（见表5.2）。但模型的解释力 R^2 只有 0.073。

表5.2　Siri用户群体的Logistic回归模型

自变量	模型一	
	B	**p**
男性	0.020	0.928
个人月收入	−0.109	0.376
单身	−0.466	0.096
城市线级	−0.039	0.789
年龄	−2.085*	0.014
年龄的平方	0.035**	0.009
受教育程度	−9.063*	0.021
受教育程度 × 年龄	0.641*	0.012
受教育程度 × 年龄的平方	−0.011**	0.007
常数	30.500	0.928
Nagelkerke R^2	0.073	

注：* 代表显著性水平＜0.05，** 代表显著性水平＜0.01，*** 代表显著性水平＜0.001。

根据 Logistic 回归模型的可视化结果来看（见图 5.4），15—25 岁的高中及以下学历的人是 Siri 的主要用户群，其中以学生为主。在 25—35 岁年龄段内以博士学历的群体为主，其次是硕士，因而在该年龄段中受教育程度较高的人群是主要构成部分。而在 35 岁及以上人群中，高学历人群的比重有所下滑。总体来看，Siri 的用户群体画像特征与苹果手机的用户群体特征较为一致，iPhone 的用户群集中在年轻人（22 岁左右）和中年人（45 岁左右）群体[1]，即"果粉"集中在年青一代，具有较高学历背景的人群中，而 40 岁以后的人群因为有较好的经济基础成为能够消费起苹果产品的一群人，从而拉高了该年龄段的人群比例。

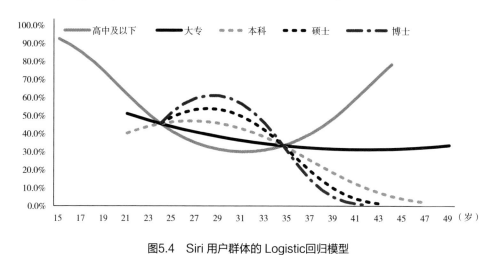

图5.4 Siri 用户群体的 Logistic回归模型

5.1.2 微软小冰用户画像

研究者选取了聊天机器人的代表性产品"微软小冰"。微软小冰用户的深描式 Logistic 回归模型中直接放入了城市线级与年龄的交互变量，结果显示两者的交互变量在模型中显著（见表 5.3），但解释力 R^2 只有 0.095，这与微软

---

[1] 刘德寰，刘向清，崔凯，等著 . 正在发生的未来：手机人的族群与趋势 [M]. 北京：机械工业出版社，2012：21.

小冰用户在总体智能虚拟助手用户中所占比例较低有关，本次受访样本中仅有 58 位微软小冰用户。

表5.3 微软小冰用户群体的Logistic回归模型

自变量	模型一	
	B	p
男性	0.085	0.818
受教育程度	−0.243	0.256
个人月收入	−0.010	0.962
单身	−1.114	0.027
年龄	−2.067	0.052
城市线级	−18.326[*]	0.032
年龄的平方	0.032	0.066
城市线级 × 年龄	1.259[*]	0.033
城市线级 × 年龄的平方	−0.021[*]	0.037
常数	30.853	0.053
Nagelkerke R^2	0.095	

注：* 代表显著性水平＜ 0.05，** 代表显著性水平＜ 0.01，*** 代表显著性水平＜ 0.001。

图 5.5 是微软小冰用户群体 Logistic 回归模型的可视化效果，折线图显示，微软小冰的主要用户构成群体是一线城市的青少年用户，据微软小冰团队对其忠诚用户的构成描述来看，以中小学用户为主，但由于问卷被访者的最小年龄是 15 岁，因此有理由相信一线城市的中小学生可能是微软小冰的主要用户群体，如果拓展了问卷调查的年龄分布，延伸至小学阶段，该产品的用户画像可能会呈现显著的低龄化趋势。二线城市 25 岁以下的青年也较多使用微软小冰，而四线城市及以下的 25 岁至 35 岁用户也在比例中出现了一个峰值，这可能与微软小冰在推广过程中入驻许多手机平台有关。2019 年 8 月，微软

123

小冰7代问世的发布会上，小冰正式入驻 vivo 和 OPPO 手机平台，而 vivo 和 OPPO 手机在用户市场下沉方面具有突出优势，用户群主要以三、四、五线城市的小镇青年为代表，因而这可能是小冰在该群体中也有较高使用度的原因。此外，小冰已经覆盖了华为、小米等智能设备，据相关数据报道小冰已有超过 4.5 亿台第三方设备接入，因而这也可以解释小冰的用户群体的覆盖面相对较广。

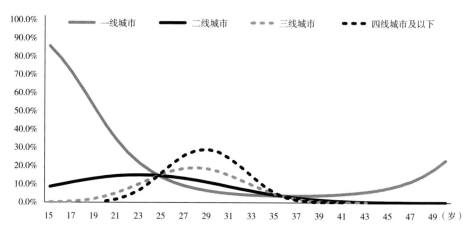

图5.5　微软小冰用户群体的 Logistic回归模型

5.1.3　百度小度用户画像

研究者分析了百度的语音智能产品小度。百度在过去几年中一直致力于打造全球领先的人工智能服务平台，其在语音技术、语音识别、自然语言、智能对话、语音合成等技术算法方面都走在行业前列。也因其具有百度搜索、百度地图等用户黏性高、市场占有率大的产品，使得其内嵌于相关软件平台的语音助手产品小度也具有较高的用户活跃度。此外，随着小度智能音箱、小度智能屏等家用产品的推出，进一步拓展了小度的使用范围。从小度用户的年龄构成来看，年龄呈现两极分布，因此，研究者在构建小度用户群体画像时纳入了一个新的人口变量——独生子女，来考察家庭结构构成对用户的影响。表 5.4 是小度用户群体的 Logistic 回归模型，模型引入年龄和独生子女的交互变量，结果显示两者交互效应显著。

表5.4　小度用户群体的Logistic回归模型

自变量	模型一	
	B	*p*
男性	0.116	0.591
城市线级	−0.004	0.978
受教育程度	−0.007	0.956
已婚	0.403	0.169
有房	0.068	0.805
个人月收入	0.149	0.248
独生子女	361.019*	0.041
年龄	−0.231	0.270
年龄的平方	0.045	0.237
年龄的自然对数	73.261	0.308
独生子女 × 年龄	13.069*	0.032
独生子女 × 年龄的平方	−0.109*	0.027
独生子女 × 年龄的自然对数	−192.712*	0.038
常数	−133.936	0.328
Nagelkerke R^2	0.044	

注：* 代表显著性水平 < 0.05，** 代表显著性水平 < 0.01，*** 代表显著性水平 < 0.001。

图 5.6 是百度小度用户群体的 Logistic 回归模型可视化图，23 岁以下的独生子女与 31—37 岁年龄段的独生子女使用小度的频率高于非独生子女，而接近 38 岁及往后年龄的人非独生子女比例高。这一方面与我国的生育政策有相关性，超过 40 岁的人中非独生子女比例大，同时随着年龄的增长，子女成家

立业后，他们在家庭生活中也逐渐缺失陪伴，会对智能虚拟助手的青睐有所增加；另一方面更重要的是与独生子女的生活形态有关。还处于青少年阶段的独生子女可能会因为孤独而对机器和智能设备有着更高的需求，语音助手在一定程度上能够填补空虚的时光。

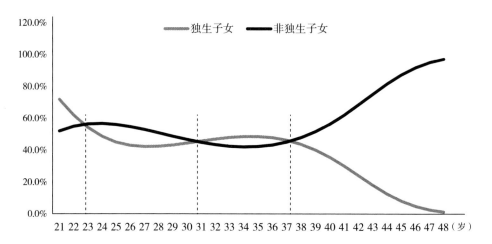

图5.6 百度小度用户群体的 Logistic 回归模型

5.1.4 小米小爱同学用户画像

在智能音箱中，研究者分别选取了两个代表产品，一个是小米的小爱同学，一个是阿里的天猫精灵。选取这两个产品的原因，一方面是取决于它们拥有较高的市场占有率和知名度，另一方面则是由于两者都是智能家居的典范，尤其是小米小爱同学。以小米为先驱的智能家居近些年已逐步进入千家万户，小米智能家居产品链条的触角已经开始延伸到非常细分的领域，而小爱同学作为智能音箱可以通过语音唤醒和语音遥控等多种方式串联起诸多小米的家居用品，可以说是在智能语音助手中应用场景广、关联度高、发展较为成熟的代表。研究者构建了小米小爱同学的 Logistic 回归模型，如表 5.5 所示。研究者在模型中纳入了年龄和个人月收入的交互变量，结果显著。R^2 为 0.129。

表5.5 小爱同学用户群体的Logistic回归模型

自变量	模型一	
	B	**p**
男性	−0.236	0.296
城市线级	−0.261	0.117
受教育程度	−0.039	0.761
独生子女	0.007	0.977
已婚	−0.128	0.663
个人月收入	−245.293**	0.002
个人月收入的平方	83.607**	0.002
个人月收入的立方	−12.305**	0.002
个人月收入的四次方	0.664**	0.002
年龄	−10.144**	0.003
年龄 × 个人月收入	9.244**	0.002
年龄 × 个人月收入的平方	−3.077**	0.002
年龄 × 个人月收入的立方	0.442**	0.002
年龄 × 个人月收入的四次方	−0.023**	0.002
常数	263.242**	0.002
Nagelkerke R^2	0.129	

注：* 代表显著性水平＜ 0.05，** 代表显著性水平＜ 0.01，*** 代表显著性水平＜ 0.001。

5.1.5 天猫精灵用户画像

天猫精灵充分挖掘语音智能助手在智能家居生活上的应用，目前天猫精灵已联合多个实体设备品牌，如西门子、海尔、戴森、松下、美的、格力等家用电器品牌，来打通物联网功能。简单来说，就是能够通过天猫精灵来声控冰箱、插座、窗帘、灯、电视等近百样设备的操作。被访者中共有 196 位天猫精灵用户，研究者基于用户填答的基本人口信息数据进行了 Logistic 回归分析。模型中考虑了性别和年龄的交互效应，结果显著（见表 5.6）。

表5.6 天猫精灵用户群体的Logistic回归模型

自变量	模型一	
	B	*p*
城市线级	−0.193	0.200
受教育程度	0.221	0.088
独生子女	−0.338	0.141
已婚	0.259	0.386
个人月收入	−0.096	0.438
男性	379.600	0.054
年龄	−2.454	0.540
年龄的平方	0.019	0.547
年龄的自然对数	36.710	0.548
男性 × 年龄	13.850*	0.045
男性 × 年龄的平方	−0.115*	0.041
男性 × 年龄的自然对数	−203.280*	0.050
常数	−69.078*	0.016
Nagelkerke R^2	0.062	

注：* 代表显著性水平 < 0.05，** 代表显著性水平 < 0.01，*** 代表显著性水平 < 0.001。

图 5.7 为天猫精灵用户群体的 Logistic 回归模型可视化结果。由此可见，总体来看 40 岁以下的男性用户的比例高于女性，这可能是因为男性对智能家居、人工智能产品等新技术更感兴趣，尝试新技术的意愿高。与之相关的一个数据是在技术极客（Geek）中男性比例也高于女性，因而在某种程度上表明对于新技术的尝试男性的热情可能更为高涨一些。但值得关注的是，年龄在 40 岁后，女性用户比例上升，这可能与天猫精灵音箱最初的产品市场定位有关，不少早期用户是从天猫购物用户中迁移而来的，女性占比大，同时也有不少女性购买天猫精灵是为了给家中的儿童添置新玩具。还有另一种可能的解释是参考了刘德寰曾经提出的"技术红颜"的概念，有闲有钱的中年女性是消费崛起的重要力量，有可能成为带动天猫精灵产品消费的主力人群。

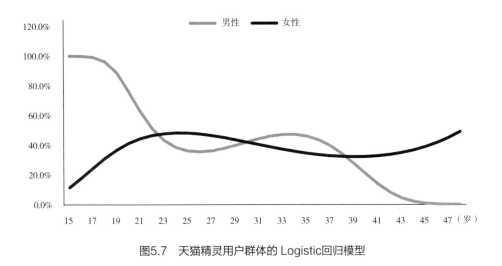

图5.7 天猫精灵用户群体的 Logistic回归模型

5.2 智能虚拟助手的使用情况及用户反馈

智能虚拟助手之所以被称为"助手"就是因为其系统内设置了诸多功能，能够在用户的指示下完成某些任务。其中，以语音助手为代表的智能虚拟助手则是赋予用户通过语音操纵助手完成任务的能力。研究者在问卷中列举了当前虚拟助手主要能够提供的功能，数据分析的结果发现（见图 5.8），在诸多功能中，使用最多的功能是查询天气（38.2%）、设置闹钟/倒计时提醒（32.6%）、路线导航（26.8%）、打电话（25.7%）、百科问答（24.8%）、打开应用（24.3%）、播放影音（21.8%）等。上述这些是超过 20% 的用户最常使用的功能，不难看出，这些功能都与手机使用场景中最常使用的功能密切相关，这一方面是由于早期的一些大众化的智能虚拟助手是以手机语音助手的形式出现，另一方面更重要的原因就是与第三章中提到的智能机器人的发展有关。当前智能虚拟助手的研发水平仍停留在较为初级的阶段，是弱人工智能，不管是语音识别还是自然语言处理技术都决定了它们目前更加适合完成的是以任务导向为核心的简单事务。

在此项调查中，如图 5.8 所示，查运势（2.8%）、更改系统设置（3.0%）、声纹购物（3.2%）、在其他 APP 上签到（3.2%）、发邮件（3.9%）、查电费（3.9%）、查限行（3.9%）、查股票（4.0%）、发微博（4.2%）等功能使用频率较低。一方面是因为有些功能并不属于用户的日常高频使用功能，即用户需求不大，如查运势、签到、查限行、声纹购物等。另一方面，有些功能尚未达到用户能够完全倚赖智能虚拟助手来完成的程度，如发邮件、发微博、查股票。这些功能既受限于使用场景，也受限于当前技术发展的成熟度。

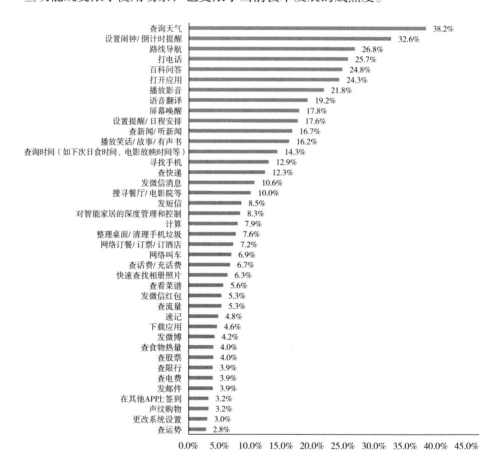

图5.8　智能虚拟助手功能使用的情况分布

那么，针对仍有诸多不完善且处于快速发展阶段的智能虚拟助手，研究者也调查了用户认为智能虚拟助手亟待改进的地方。图 5.9 是调查结果的条形图分布情况，结果显示，用户认为最需要改进的是智能虚拟助手"理解能力差，经常答非所问"以及"回答太生硬，模式化"的问题，这两个问题可以说在用户的认知和意见中达成较大共识，有接近 50% 的用户都认为上述两个是最迫切需要解决的问题。当然，要解决这两个问题，首先可能需要的就是突破自然语言处理与机器学习技术发展的瓶颈，如何能让智能机器对人类语言产生理解，而不是简单地依据关键词和基础逻辑判断进行回复。此外，提高智能机器人进行多轮会话的能力也对改善该问题有所裨益。其次，人们对于智能虚拟助手的需求还体现在声音和语言中，比如有 32.2% 的人认为语音助手的"声音电子感太强，希望再自然点"，有 26.9% 的人抱怨语音助手的"语音转化文字能力差"，不能理解方言（26.6%）。尽管我们在问卷中已经列出多达 40 种功能，仍有 24.6% 的人认为智能虚拟助手"现有功能不全面"。其他有待改进的地方还包括"抗干扰能力差、唤醒不够智能、反应迟钝、情感分析、与其他设备的兼容性不足"等。另一个值得注意的改进需求则是针对智能虚拟助手"偶尔会爆粗口"的问题，不过相比于其他问题而言，人们对于该问题的反馈和抱怨比例很低，只有 2.8%。就这个问题而言，可以回顾微软小冰事件和 Tay 的事件。微软小冰刚问世时，因为与用户交谈过程中使用不文明语言而被整顿，但当时也有不少用户因为"小冰骂人"的行为而提高了他们对聊天机器人设计中情感化、拟人化对话功能的肯定。

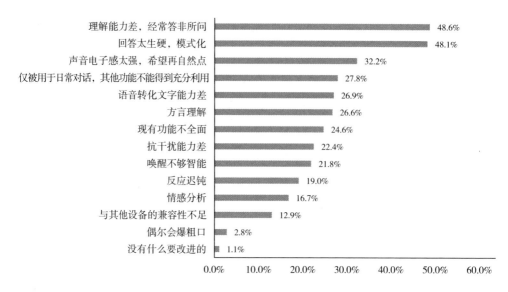

图5.9 用户认为智能虚拟助手亟待改进的地方

  作为新生代的人工智能产品代表，智能虚拟助手正在以潜移默化的方式影响人们日常生活。它凭借内嵌于智能手机、家居智能音箱之中的优势，提供了与用户发生日常交互的便利性，而更加贴近日常使用场景的功能则能够唤起用户对该智能产品的情感勾连。因此，在调查智能虚拟助手给生活带来什么影响时（调查结果见图5.10），绝大部分的用户都认为它们让生活更加方便、简单和快捷（60.4%），将近六成用户认为智能虚拟助手的趣味性让日常生活变得更加有趣。也有近一半的用户认可了智能虚拟助手对生活和工作效率提升的作用。缓解孤独、提供陪伴（41.5%）也是智能虚拟助手对个人生活带来的重要影响。此外，也有部分用户意识到了这种智能虚拟助手可能会给未来生活带来潜在的负面效应，如取代一些职业和角色（28.0%），增加用户对智能产品的依赖度（25.2%），经常与人工智能对话影响正常社交（13.9%），增加个体的孤独感（10.6%），等等。从数据结果来看，绝大部分用户认为智能虚拟助手对生活的影响偏向于积极的一面，只有少部分人群提及智能虚拟助手的负面影响。但人们所反映出来的担忧不无道理，甚至是必要的，这体

现了我们在步入智能时代时应该鼓励开发者和使用者共同具备对技术发展的
忧患意识。

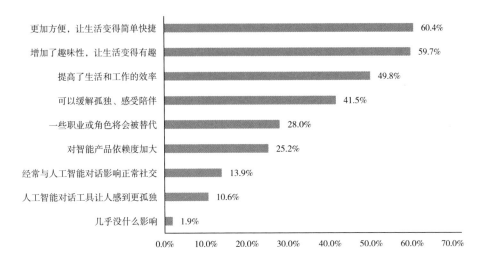

图5.10　智能虚拟助手对生活的影响

5.3　本章小结

第一，对智能虚拟助手的用户使用情况进行详细分析后发现，智能虚拟
助手市场呈现出明显的长尾效应。百度小度、苹果 Siri、小米小爱同学、天
猫精灵是使用最多的虚拟助手。同时，随着智能家居在一、二线城市的兴
盛，内嵌于智能音箱的语音助手也呈现出市场占有率大幅度上升的趋势。智
能音箱中小米小爱同学、百度小度和阿里天猫精灵的用户使用情况占比较高。
根据对智能虚拟助手用户的群体画像描绘，研究发现中年、受教育程度高、
一二线城市的体制外从业者是构成该群体的主要人群，尤其是 35 岁以后中高
收入群体开始尝试和使用智能虚拟助手。此外，该群体画像呈现出"双峰"
态势，即 25 岁和 40 岁前后两个峰态，这符合典型的历程扩散模型的分布情况，

可以预见，未来高收入的年轻群体和中年成熟用户将共同引领智能虚拟助手在中国市场的全面铺开。此外，研究者还对苹果 Siri、微软小冰、小度、小爱同学、天猫精灵这五种智能虚拟助手进行画像描绘。Siri 的用户画像与苹果手机的用户特征一致，集中在有较高学历的年轻人和中年人群体中；微软小冰的用户画像特征为一线城市的青少年用户；小度的用户群中年轻人以独生子女为主，但 40 岁以上以非独生子女为主；小爱同学以年轻的中高收入群体为主，一些青睐智能家居的年轻人是小爱同学的忠实用户；天猫精灵的用户中40 岁以下的男性用户的比例高于女性，而 40 岁以上女性用户比例上升，体现出"技术红颜"对消费的引领作用。总体来看，内置于智能音箱的语音助手在用户年龄上都出现了较为明显的两极分化，一方面可能与智能语音助手分属于智能家居有关，另一方面也与语音助手目前的市场定位与目标人群相关。略有不同的是，微软小冰作为一款聊天机器人，其市场主要集中在青少年群体。此外，根据每个产品的用户规模情况来看，即便智能虚拟助手在人工智能产品的用户数量中已经属于头部，但分摊到每个产品，用户规模仍然受限。因此，从当前市场占有率以及该产品的发展前景来看，仍有较大的市场空间。

第二，智能虚拟助手最常被使用的功能是查询天气、设置闹钟 / 倒计时提醒、路线导航、打电话、百科问答等。被调查者认为当前智能虚拟助手最需要改进的是"理解能力差，经常答非所问"以及"回答太生硬，模式化"的问题，这既是制约用户与智能虚拟助手深度交往的原因，也是当前自然语言处理技术所面临的技术瓶颈。面对智能虚拟助手进入人们的日常生活，绝大多数用户持有正面评价，认为它们让生活更加方便、简单和快捷且更加有趣，偶尔能够缓解孤独，提供陪伴。但也存在一些负面效应，比如职业风险、社交障碍等。

第六章

机器替代人：职业风险前瞻与用户感知偏好

6.1 职业风险前瞻[1]

　　新技术催生出新业态、新岗位、新模式和新机会的同时，对传统行业从业者也产生了巨大冲击。工业革命后，自动化机器进入工厂的现实逐渐改变了工业社会劳动力的职业结构，高度程序化、执行流水线任务的工作岗位正在逐步消失。随着电子信息系统、自动化生产以及人工智能技术的相继出现与技术更迭，许多传统职业正在以一种不可逆的方式退出人们的视野。人工智能生成内容（Artificial Intelligence Generated Content，AIGC）的概念和应用也在加快机器替代人的速度。2022 年，中国信息通信研究院发布的一份《人工智能生成内容（AIGC）白皮书》引用了维基百科对 AIGC 的定义，即"继专业生成内容（Professional Generated Content，PGC）和用户生成内容（User Generated Content，UGC）之后，利用人工智能技术自动生成内容的新型生产方式"。[2]得益于底层架构深度学习算法的发展，这种新型数字内容生产方式正在与不同场景深度融合，能够生成图像、绘画、诗歌等内容。正与凯文·凯利曾提出机器正在生物化，而生物正在工程化的趋势一致，生命体和机器的联姻与融合正在创造一种新的生物文明。[3]Open AI 公司于 2022 年 11 月推出了一款新型智能聊天机器人模型 ChatGPT，引发了世界范围内的广泛关注，上线五天注册人数突破 100 万。ChatGPT 能够根据书面提示自动生成文本，除拥有聊天机器人的特性外，它更像一个问答机器人，它不仅能够相对流畅

[1] 本节内容参见王袁欣, 刘德寰. 混合技能与人机协作: 人工智能社会职业风险前瞻及人才培养路径转型 [J]. 中国出版, 2023（20）: 29–34.

[2] 中国信息通信研究院, 京东探索研究院. 人工智能生成内容（AIGC）白皮书 [EB/OL]. http://caict.ac.cn/kxyj/qwfb/bps/202209/p020220902534520798735.pdf.

[3] 凯文·凯利. 失控 [M]. 张行舟, 陈新武, 王钦, 译. 北京: 电子工业出版社, 2016: 3.

地回答知识性问题，还能够写出连贯的文章、编写简单的代码。一些评论者认为，ChatGPT 等生成式人工智能技术的诞生，使翻译、文字创作者甚至程序员都面临职业危机。

个体对技术的态度、偏好以及接受意愿的起点通常源于个体对技术的感知情况。人工智能技术最早源于工业生产领域之中，普通用户的接触面和机会较少，同时人工智能技术早期对于普通用户而言是一个较有距离感的技术词语，因而，了解当前技术发展阶段用户对人工智能的感知偏好对于理解用户行为是非常有必要的。

6.1.1 智能时代的技术性失业

随着机器自动化的不断发展，一些以人作为主要劳动对象的社会职业和工作岗位正在逐渐消失。曾经的电梯操作员、电话服务员、停车场收费员、机场的值机柜台柜员等许多服务行业的工种都逐渐被机器取代。不得不承认，人工智能时代正在以比工业时代更快的速度改变社会面貌，AI 技术具备取代许多工作岗位的能力，而这个取代速度是工业革命时代所无法比拟的。工业革命时期，在工厂从事体力劳动、流水线生产的工人会被机器取代，而如今，连记者、银行家、会计、律师、医生等具有一定技术含量的职业都可能受到智能技术的威胁，比如机器人写作、法律人工智能、IBM 公司打造的沃森医生（Dr.Watson）等都试图冲击传统职业。

自动化技术与人工智能技术的革新带来职业结构的深刻变化。当前，全球处在孕育第四次工业革命阶段，即以大数据、云计算、物联网、人工智能等技术组成的创新集群正在快速发展，产业结构也面临剧烈转型升级。人工智能技术的深化发展会引发新一轮的职业结构调整和劳工过程的变化，这些新技术对工作结构的影响表现为改变旧生产方式中的传统技能要求，尤其是逐步弱化工人对传统技能的掌握程度。当前,劳动力市场还面临着人口老龄化、少子化趋势加剧的困境，劳动力市场短缺的现状会进一步推动工业机器人和自动化技术在生产、生活中的应用，以此来缓解由于劳动力短缺而引发的生产问题和经济危机，这促使各大经济体开始接纳智能化生产。近些年，新闻传播领域也发生了翻天覆地的变化：新闻机构采用机器自动化写作来生产新闻内容，利用人机交互的智能采编系统实现信息采集、编辑、审核和分发等全流程工作，美国的媒体网站 CNET 表示已经用人工智能写了很多新闻报道，国内外电视台开始创造虚拟主播来代替传统播音主持人，虚拟与现实边界模糊的元宇宙也是孕育人工智能的重要温床。

伴随信息技术的发展，我们从"体力经济"时代进入"思维经济"时代[1]，机械人工智能的介入使劳动者有更多时间从事思考型任务，相对减少体力劳动。在新闻生产环节，人工智能不仅能够撰写文章和新闻报道，还能编辑和核查事实，在工作效率和准确性方面远超人类记者。例如，BBC 新闻实验室推出的一款机器人"Juicer"，它能够每天抓取 850 个全球新闻机构的RSS 信息推送进行内容聚合处理并分配语义标签，标签分为四档——组织机构、地点、人物、事物，能有效帮助记者快捷地调用和访问相关主题的新闻；《华尔街日报》曾与原 Narrative 技术公司合作，通过自然语言生成（NLG）等算法平台生成财经新闻，构建新闻故事；《纽约时报》引入 AI 编辑"Editor"，通过提供快速可靠的事实核查功能简化记者编辑的工作流程。人工智能的确将人类记者从无止境的信息搜索和事实核查工作中解放出来，但也可能改变新闻机构的新闻生产方式。

因而，一些研究认为技术发展对就业情况具有破坏效应，技术进步也将造成失业人数增加。[2] 布林约尔松（Brynjolfsson）和迈克菲（McAfee）在《第二次机器时代》（*The Second Machine Age*）中描绘了自动化对就业产生的影响，

---

[1] 罗兰·拉斯特，黄明蕙. 情感经济：人工智能颠覆性变革与人类未来 [M]. 彭相珍，译. 北京：中国出版集团中译出版社，2022：130–133.

[2] Jones D. Technological change，demand and employment[M]//The Employment Conse-quences of Technological Change. London：Palgrave Macmillan，1983：25–51.

以及非技能型工人的失业对经济造成的负面影响。[1]许多学者将这种由于技术进步所造成的失业现象定义为"技术性失业"。比尔·盖茨曾在采访中也提到由于技术进步造成的失业，即所谓"技术性失业"会成为一个全球性挑战。

　　技术进步在产业价值链中引发的实际效应在于劳动力就业呈现"倒 U"形曲线，即面向研发和营销的就业岗位数量增加，而处于产业链中部生产端的岗位数量减少，换句话说，就是对高技能劳动力需求的增加，对低技能劳动力需求的减少。[2]技术进步过程中存在技能偏好的倾向，熟练技能工人岗位数量的增加会进一步促使技术向技能偏好型路径发展，推动建立"技术—技能—技术"正向相关的循环发展关系，彼此间通过互补不断得到加强。[3]除技术性失业的负面影响外，皮尤研究中心的调查指出人工智能对工作的接管可能会扩大经济收入差距，从而引发社会动荡。早在 2013 年，卡尔·贝内迪克特·弗雷（Carl Benedict Frey）和迈克尔·A. 奥斯本（Michael A. Osborne）就发表了一篇研究《未来职业趋势：受电脑自动化影响的职业》，针对 702 个细分职业，用高斯过程分类器算法（Gaussian process classifier）分析职业淘汰风险、薪资、受教育程度、职业与自动化技术的关系等指标来预测未来机器人和人工智能领域的变革将会消除数以千万的工作岗位，大约 47% 的美国雇员的工作将有被取代的风险。[4]可能该研究在 2013 年前后似乎有点危言耸听，但是十多年后的今天，技术发展速度让我们不得不直面其中存在的可能性与危机。

[1] Brynjolfsson E，McAfee A. The second machine age：Work，progress，and prosperity in a time of brilliant technologies[M]. New York：WW Norton & Company，2014.

[2] 杜传忠，许冰 . 第四次工业革命对就业结构的影响及中国的对策 [J]. 社会科学战线，2018，41（2）：68–74.

[3] 宋冬林，王林辉，董直庆 . 技能偏向型技术进步存在吗？——来自中国的经验证据 [J]. 经济研究，2010，45（5）：68–81.

[4] Frey C B，Osborne M A. The future of employment：How susceptible are jobs to computer-ization？ [J]. Technological forecasting and social change，2017，114（1）：254–280.

6.1.2 智能时代的职业结构变迁

与上述较为悲观的技术性失业观点相反，另一些研究则认为要长远地看待技术影响。虽然短期内会有职业替代效应的出现，部分领域的从业者将面临技术性失业，但由于技术创新会为其他就业领域提供补偿机制，冲击不会造成永久性影响[1]，新的市场需求也会创造新的就业机会。[2]未来制造业可能会基于机器人的工作需求创造出类似于机器人协调员的新增岗位，来满足工业场景下的人机协作。因此，技术与劳动之间的关系既存在替代效应，也存在创造效应，陈秋霖等人指出智能技术与劳动力之间的关系更像是"补位式替代"，而不是"挤出式替代"。[3]自动化技术和劳动之间存在强大的互补性，这些互补性可以提高生产率、提高收入，并增加劳动力需求。从数据来看，自动化在过去几十年里也并未消除大多数工作岗位，生产率的增长和失业率之间实际呈现负相关关系。[4]麻省理工学院的 David Autor 团队 2020 年发布的《未来职业报告》(*The Work of the Future*)通过总结历时性数据的趋势来驳斥技术创新会导致失业的观点，他认为过去一个世纪是人类技术创新最多的 100 年，但数据显示从事有偿工作的美国成年人比例仍急剧上升，有偿就业率在不断提高[5]，说明新的就业机会不断涌现。

许多学者在研究中发现存在替代性风险的职业类型，龚遥等人采用美国

---

[1] David H. Why are there still so many jobs？ The history and future of workplace automation[J]. Journal of economic perspectives，2015，29（3）：3–30.

[2] Gregory T，Salomons A，Zierahn U. Racing with or Against the Machine？ Evidence on the Role of Trade in Europe[J]. Journal of the European Economic Association，2022，20（2）：869–906.

[3] 陈秋霖，许多，周羿. 人口老龄化背景下人工智能的劳动力替代效应——基于跨国面板数据和中国省级面板数据的分析[J]. 中国人口科学，2018（6）：30–42+126–127.

[4] Trehan B. Productivity shocks and the unemployment rate[J]. Economic Review-Federal Reserve Bank of San Francisco，2003：13–28.

[5] David H.，David A.，Elisabeth B. The Work of the Future：Building Better Jobs in an Age of Intelligent Machines[M]. Cambridge：MIT Press，2022：9.

职业数据库来预测人工智能应用对职业替代的风险，与弗雷和奥斯本相关的预测方法不同的是，龚遥采用随机森林分类器算法来计算概率，发现不同职业的潜在被替代风险存在较大差异。受人工智能技术影响，潜在被替代的岗位从程序性体力劳动（routine motor task）向程序性认知劳动（routine cognitive task）扩展，从事程序化类型的工种受技术冲击影响较大，从事重复性劳动的白领职业也将面临被替代的风险。但非程序性认知劳动的工作，如研究、社交、教育、管理岗位被替代的风险较低。[1] 具体来说，对收入、技能和受教育程度各方面都处于劣势的劳动力而言，替代效应更强一些[2]，相比之下，高收入、高技能和高学历的劳动力则更有可能受到创造效应的影响而产生职业流动。[3] 2020 年，我国人力资源和社会保障部发布的《新职业——人工智能工程技术人员就业景气现状分析报告》指出，当前人工智能产业中核心技术岗位人才缺口大，进一步提出培养人工智能技能型人才的重要性。由此可见，智能技术的发展对职业结构的影响在于改变了社会职业需求，对于个体的劳动技能提出了更明确的要求，尤其是智能机器技术不能完成的技能成为劳动力市场的稀缺资源。

　　本研究中，笔者通过设计基于智能技术发展与职业结构变化的调查问卷来厘清当前国内人们对智能社会的职业认知情况。该调查面向全国范围，以随机等比例配额抽样的方式于 2020 年 8 月在线进行，涉及 31 个省（区、市），发放 3000 份样本，回收 2999 份，其中男性样本为 1557 份，女性样本为 1442 份。样本的平均年龄为 31.6 岁。研究共列举了大约 17 类的职业，图 6.1 为 2999 位被调查者关于职业风险的看法。

[1]　龚遥，彭希哲. 人工智能技术应用的职业替代效应 [J]. 人口与经济，2020，41（3）：86–105.

[2]　Michaels G，Natraj A，Van Reenen J. Has ICT polarized skill demand？ Evidence from eleven countries over twenty–five years[J]. Review of Economics and Statistics，2014，96（1）：60–77.

[3]　David H. Why are there still so many jobs？ The history and future of workplace automation[J]. Journal of economic perspectives，2015，29（3）：3–30.

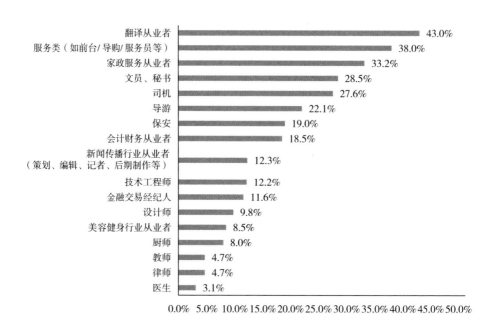

图6.1 最容易被人工智能取代的职业分布

调查显示，有近半数的被调查者（43.0%）认为"翻译从业者"这个职业是最容易被人工智能取代的。这与前一章节分析的用户最常使用的人工智能产品形成呼应，人工智能类翻译产品可能是用户最早接触的人工智能类产品，一方面是因为日常交流是人际交往的必需行为，语言沟通不畅会对交流造成直接阻碍，所以其需求量很大；另一方面则是因为人工智能技术较早应用于翻译工作中，产品应用场景较为成熟，有关翻译类产品也普遍被当前的受众所接受，如谷歌翻译、有道翻译等。因而，用户普遍认为未来最容易被人工智能完全取代的职业就是翻译。

其次，最可能被替代的职业是服务类的岗位，如涉及接待相关工作的前台、导购、服务员等（占比约38.0%），以及家政服务类的保姆、保洁等（占比约33.2%）。随着语音助手、聊天机器人的发展，原先需要专人接线员来完成与客户对接沟通的任务已经逐步被机器人和自动回复系统所取代，近两三年来，各大公司的电话客服都已经逐步上线智能语音系统，先由智能机器人来分流部分仅需简单咨询的客户，如果客户需咨询复杂问题则再依照客户需求连接到人工服务，这在很大程度上能够帮助公司减少相应的客服工作人员的数量和用工成本。除此之外，餐厅服务员等工作未来也不再必须由真人承担。许多餐饮店已经逐步推行通过平板、手机等智能终端进行扫码下单点菜和自助支付等功能，随着服务类机器人的上线，许多餐厅的餐食配送也都由机器人来完成。这已经是餐饮服务业服务员职业危机的先兆。与此同时，也有不少酒店开始引入机器人系统，来负责客房用品的配送服务。此外，笔者在进行本研究的定性访谈时，与被访者讨论智能客服问题时，被访者强调"目前技术在智能客服方面的应用能比较大幅度地提升企业效率，节省企业用工成本。智能客服既能够起到消费者分流的作用，了解消费者有什么需求去进行分类，同时还可以作为消费者投诉、发泄情绪的重要入口，此外，还能够很大程度上帮助企业解决客服接线人员流失率高的问题"。学者们也普遍认为，企业使用智能聊天机器人客服能够节省运营成本、提升服务效率，以及带给消费者更积极的用户体验。例如，在电子商务行业中，许多平台搭载了 AI 客服模型，例如京东平台的 JIMI、淘宝平台的小蜜等，为消费者提供即时响应和全天候服务。从服务提供商的视角来看，使用 AI 客服对比聘用真人客服拥有许多优势。如 AI 客服能够同时处理多个消费者的实时咨询[1]，而真人客服通常只能一次性处理一位消费者的沟通需求。此外，由于聊天机器人较少表露出如沮丧、无聊、厌倦或疲惫等负面情绪，它们始终能够以友好温和的态度与消费者进行对话。[2] 总体来看，聊天机器人在为消费者提供快捷、便利和友好的沟通服务方面具有极大潜能。

---

[1] Cheng X，Bao Y，Zarifis A，et al. . Exploring consumers' response to text-based chatbots in e-commerce：the moderating role of task complexity and chatbot disclosure[J]. Internet Research，2021，32（2）：496–517.

[2] Luo X，Tong S，Fang Z，et al. . Frontiers：Machines vs. humans：The impact of artificial intelligence chatbot disclosure on customer purchases[J]. Marketing Science，2019，38（6）：937–947.

文员，秘书（28.5%），司机（27.6%），导游（22.1%），保安（19.0%）是紧随其后的被认为是容易"技术性失业"的职业。ChatGPT 等生成式人工智能软件的出现，能够满足大部分人日常工作中的文本写作需求，此外，对话式的生成式人工智能也能够作为私人管家来回应用户需求，因而文员、秘书开始逐步成为潜在被人工智能所取代的职业。

司机也被大多数人认为是最容易受到威胁的职业之一，这与自动驾驶技术、无人驾驶汽车的迅猛发展密切相关。2022 年 5 月，萝卜快跑无人驾驶出租车在武汉经开区展开试点；2023 年起，试点范围逐步扩大到武汉江北的大部分区域；2024 年实现武汉地区的跨江通行，由此，武汉成为全国首个智能网联汽车跨越长江通行的城市。与此同时，萝卜快跑也逐步在北京、上海、重庆、深圳等 11 个城市拓展试点范围。所以在未来规划中，当技术和相应制度成熟时无人驾驶汽车很可能会取代出租车司机、卡车司机等角色。自动化技术发展的速度已经超乎前人想象，在 2003 年，Autor、Levy 和 Murnane 的研究中曾指出无论计算机技术如何快速发展，人仍然具有不容忽视的重要性与不可替代性，比如在车流中穿梭的驾驶技术是不能实现自动化的，因为很难想象汽车能够开发出一套复制司机行为的规则。[1] 但在 2010 年谷歌就率先宣布部分丰田汽车已经全面实现自动化。短短六年时间，汽车商业就打破了声称自动化技术具有无法突破的天花板的断言。特斯拉于 2014 年推出自动驾驶系统（Autopilot），该自动驾驶系统与人工智能深度融合，从而使车辆能够感知、处理和响应路况环境变化。人工智能通过观察和模仿人类驾驶员的行为来学习，基于人类在不同情况下控制车辆的经验数据来作出机器自己的驾驶决策。神经网络实时处理摄像头输入的数据和传感器数据来检测车道、标志、行人、车辆和其他障碍物等，再利用视觉分析提供驾驶决策。[2]

[1] Autor D H, Levy F, Murnane R J. The skill content of recent technological change: An empirical exploration[J]. The Quarterly journal of economics, 2003, 118（4）: 1279–1333.

[2] Tesla's AI Strategy: A Comprehensive Overview[EB/OL]. https://www.perplexity.ai/page/tesla-s-ai-strategy-cPPS1ydpRxKtSndmn9.w3g.

对导游职业（22.1%）最明显的冲击是来自许多场馆内提供的语音讲解器以及一些手机软件可以通过扫二维码或者实时定位系统开始播放特定景点和展品的讲解，这些过去依赖人力才能实现的功能越来越智能化。另外，智能场馆的搭建和年轻人现代旅游模式（如"特种兵旅游"）[1] 的更迭，也会造成公众对导游的需求的降低。

"新闻传播行业从业者"被机器替代的风险排位居中（12.3%），即处于高风险与低风险的临界边缘，表明新闻媒体行业正处在一个充满职业风险挑战的时期。相较于高替代性风险职业，低替代风险的职业具有如下特征：以脑力劳动者为主，具有一定的知识技术门槛和人际沟通能力，需要通过社交活动来调用和支配共情、同理心等感性情绪和直觉能力，这是一种迥异于机器的生物智能所产生的情绪，也是机器、算法暂时无法替代的。有学者将人们所执行的任务分成两类 [2]，一类是"程序性认知任务"，指的是重复性的信息处理的任务，技术进步可以降低执行程序性认知任务的成本；另一类是"非程序化体力任务"，需要手眼并用来完成工作，这类任务对于机器学习有着较高的门槛。因此，当智能技术发展较为成熟，且职业所需的知识技术门槛较低的条件共同存在时，诸如体力类、服务类等程序性认知任务的职业容易被程序化编程和机器完全替代，从而产生职业危机。

此外，与大多数人传统观念中认为的一致，调查结果显示医生、律师、教师被认为是最不容易被人工智能取代的职业。仅有3.1%的被访者认为医生会被人工智能取代，4.7%的人认为律师、教师会被人工智能取代。研究者认为这与传统观念中对于医生、律师和教师职业的评价有着较大的关联性，这三个职业都需要一定的知识和技术门槛，是具有稳定性和社会地位的职业。同时，医生、律师和教师都是需要频繁与人打交道的职业，因而这些职业会

---

[1] 特种兵式旅游是年轻游客中兴起的一种新的旅游方式，即用尽可能少的时间、费用游览尽可能多的景点，是一种以时间紧、景点多、花费少为特点的高强度旅游方式。

[2] Autor D H, Levy F, Murnane R J. The skill content of recent technological change: An empirical exploration[J]. The Quarterly journal of economics, 2003, 118（4）: 1279-1333.

更多要求从事相应工作的人能够把握工作内容的灵活性和多变性，这可能是机器、算法暂时无法替代的。

　　然而，在现实生活中，我们发现机器人取代医生、律师、教师的可能性正在不断提高。美国的一些私立医院，已经开始让 IBM 的沃森来完成基础的诊断工作，因为它比任何一名医生都能更快速地分析更多数据，沃森可以高效地将患者的症状、基因和病史情况与数据库中的数据进行比对，并基于 150 万名患者的病例和数以万计的已发表的医学论文对患者的报告进行迅速诊断。同时，新的医疗 APP 已经能够帮助个人在家中实现一些医学检查，人们还可以通过可穿戴设备来记录个人的身体情况，甚至可以通过将个人健康信息与医生共享来实现远程医疗。调查显示，许多人已经在使用搜索引擎和类似于Siri 的智能虚拟助手来寻求医疗建议。2016 年，美国大型律师事务所欧化律师事务所已经开始使用基拉系统（Kira System）来分析公司合同，这种基于人工智能的计算机程序正在逐步接手原先属于初入律师行业年轻人的工作。[1] 一些商业平台也开始通过算法来帮助客户自动化地撰写契约、商业合同等法律服务文件，诸如此类的变化正在逐渐改变当前的职业结构和工作模式。

　　研究者利用 SPSS 统计软件将被调查者对上述可能面临风险的职业选择进行了累加统计，发现被访者在多项选择中都至少选择 1 项可能被替代的职业，有些被调查者最多选择 12 项可能被替代的职业。被调查者选择数量越多，意味着他们对职业可能面临的风险意识越强。研究通过建立多元线性回归模型来探测基本人口特征对职业风险认知情况的影响。结果显示，年龄（$p = 0.041$）、收入（$p = 0.002$）和性别（$p = 0.041$）对于职业风险意识和认知情况具有显著性影响（见表 6.1）。年龄、收入、性别对于人工智能可能造成的替代性失业有更强烈的职业风险意识，这可能与这一群体所从事的工作以及所面临的技术挑战密切相关。

---

[1] 安德烈斯·奥本海默 . 改变未来的机器：人工智能时代的生存之道 [M]. 徐延才，陈虹宇，曹宇萌，等译 . 北京：机械工业出版社，2019：24.

表6.1　基本人口特征对职业风险的认知影响

自变量	多元线性回归模型 因变量 Y＝职业风险意识	
	β	p
年龄	0.048[*]	0.041
受教育程度	0.044	0.323
收入	0.115[**]	0.002
性别（男性）	0.154[*]	0.041
常数	2.206[***]	0.000
R^2	0.013	
调整后 R^2	0.011	

注：* 代表显著性水平＜0.05，** 代表显著性水平＜0.01，*** 代表显著性水平＜0.001。

社会职业的变迁过程本质上与社会大环境的变化密切相关。出现以服务为主导、工厂制造业逐步衰退的经济现象是城市两极分化扩大化的预兆，不同的经济结构导致不同的工作结构，新经济在相当程度上靠的是引进技术革新或者新的生产技术来实现。[1]物联网的应用赋予了智慧城市蓝图实现的路径，基于物联网的大数据可以有效提出现代化城市精细化治理方案，宏观层面可以应用到城市轨道交通感知的管理和监测，微观层面亦可聚焦于网格化基层治理平台进行社区网格化管理。智慧城市囊括了智慧公共服务、智慧城市综合体、智慧健康保障体系建设、智慧交通等内容，因而在很大程度上能够实现全域治理。实现全域治理的前提就是数字化生活的全面铺开，这必然伴随着职业属性和工作模式的震荡和调整。鲍曼的流动的现代性理论认为在当前社会的现代性框架内，空间的优势不复存在，工业革命时期以"福特主义工厂"为典型代表的工作更多地展现出静止、固态的特征。[2]而信息技术革命带来的

---

[1]　杨伯溆. 全球化：起源、发展和影响 [M]. 北京：人民出版社，2002：336.
[2]　齐格蒙特·鲍曼. 流动的现代性 [M]. 欧阳景根，译. 北京：中国人民大学出版社，2018：226.

是流动且轻盈的现代性，谁运动变化得更快，谁就占据了权力的优势。由此带来的影响是劳动力不再局限于同一空间中，在这种具有流动性的技术空间，职业的不稳定性也随之增加。从现在到未来的很长一段时间内，整个社会都将转向人机协作模式。人工智能和机器人技术的成熟，正在使"技术性失业"逐步变成一个已经到来的事实，这一变化继而又会加剧工作的流动性。

6.1.3　智能社会中高风险替代性职业的特点

奥斯本曾总结过可能会因为自动化而面临失业风险的劳动力的一般性规则，他认为与失业风险高度挂钩的因素是技能水平和受教育程度。具备高技能和高学历的人才往往能够更快地掌握新技术或者是满足新出现的职业中对技能提升的要求，而处于低技能水平和低受教育程度的人则会因为对技术的陌生和不适，逐渐被技术完全取代。[1]

研究还调查了"存在智能技术替代风险的工作特点"（见图6.2），发现超过七成（72.8%）的被访者认为"重复性劳动"性质的工作最容易被智能算法所取代。重复性劳动并非在创造新的价值，只是对于劳作熟练度的训练，具有技术含量低的特点，其技能是机器比较容易掌握的。机器的运算速度决定了它单位时间内能处理的工作内容和数据量远远高于人类，使用机器代替人是效率最大化的体现。涂尔干从社会分工论的视角谈到如果经常性从事重复性工作，人就容易变成毫无生机的零部件，他所有的生活是在外界力量的驱使下进行的。[2]工业革命鼓励人成为按部就班机械运转的劳作机器，但智能技术的发展可以将人类从机械分工中解放出来。

其次易于被技术取代的工作还具有"繁重的劳动"（50.4%）、"缺乏创造力"（50.2%）和"流程性强，易于量产"（49.1%）等特点。繁重的劳动促使

---

[1] 安德烈斯·奥本海默. 改变未来的机器：人工智能时代的生存之道 [M]. 徐延才，陈虹宇，曹宇萌，等译. 北京：机械工业出版社，2019：7.

[2] 埃米尔·涂尔干. 社会分工论 [M]. 曲敬东，译. 北京：三联书店，2017：331.

个体希望转嫁劳动强度，如起重机的发明就为人工搬运重物节省了体力。此外，创造力是人类区别于机器的自主性的体现，也是生物性的体现。一切革新动力来源是无限的创造力和丰富的想象力，因而需要大量创造力的工作是难以被机器和算法取代的。其他的特点还包括"工作需要高精准度"（32.9%）、"高危"（28.0%）、"工作环境比较稳定"（27.3%）。与所列诸多特点相比，较少被调查者将"高薪"（4.3%）选为机器可替代工作的主要特点。大多数人认为"高薪"是与"需求"和"工作重要性"相挂钩的。在现代社会中，职业薪水与工作能力具有一定的等价性，高薪往往有很强的预设，具备高薪的人要么是处于经济高速发展的行业，同时该人力成本值得与之相匹配的薪资，要么该职业更多地与智力劳动相挂钩，或者是社会地位较高等，这些与高薪相等同的条件在短期内很难被认为是会被人工智能取代的。这也与弗雷和奥斯本在2013 年研究结论相符合，即薪水、受教育程度与容易被自动化取代的职业成反比[1]，因而，为了避免技术性失业，人们可以更多地从事与创造性和社交技巧有关的工作。

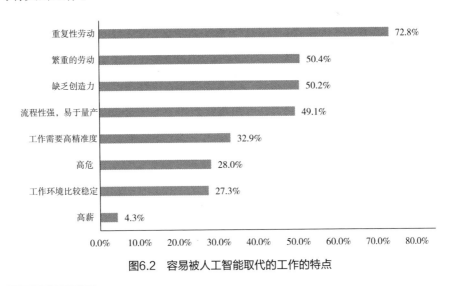

图6.2　容易被人工智能取代的工作的特点

[1]　Frey C B，Osborne M A. The future of employment：How susceptible are jobs to computer-ization？[J]. Technological forecasting and social change，2017，114（1）：254–280.

研究者运用列联表进一步剖析与职业特点认知有关的个人特征，卡方检验（Chi-Square Test）的结果发现，不同性别存在对工作特点的偏好差异。对于繁重的劳动、工作环境稳定、流程性强和高薪等特点，男女性别的选择偏好差异不显著（$p>0.05$）。但是，女性比男性更加倾向于认为重复性工作（$p=0.05$）、缺乏创造力（$p=0.004$）的工作将会被人工智能所取代，而男性比女性则更倾向于认为高危（$p=0.05$）、高精准度（$p=0.003$）的工作容易被人工智能取代。性别对于智能技术可能替代的工作特点的选择上是存在明显差异的，这也印证了不同性对工作场景下他们所从事的工作特点存在偏好和认可度差别。

总的来说，高等教育对于个体的培养和塑造能够较好地对抗人工智能对个人职业发展的干扰。人工智能算法能轻松完成的工作是最容易被取代的，而人工智能机器所不能完成的任务则指向需要通过脑力劳动和智慧创造的工作，因而，未来社会对劳动力的需求还将取决于包括创造力、社交能力、学术素养、批判性思维等在内的一些机器无法通过具备生物意识而实现的技能。

早期当人们对机器时代充满浪漫主义、乐观主义的幻想时，更多地会倾向于相信电脑和机器人将会把人从繁重的、无趣的、重复性的体力劳动中解放出来，人类将有更多的时间和可能性去从事与内心偏好、兴趣相契合的职业，如工作的核心区域将会是文化、艺术、科学、创新、哲学、探索及冒险。但当一切都在逐步变成现实时，人们对科技乌托邦的设想开始幻灭，并对于社会职业的变化产生一种恐惧，尤其是知识分子的觉醒使得针对赛博空间的批判迅速涌现，总之，人们关于人工智能及机器人解放人类职业困境的乌托邦式的美好幻想即将幻灭。

6.1.4 人机协作模式的过渡性作用

机器将人类从重复性劳动中解放出来的同时也意味着对人类能够从事的职业提出了更高的要求。原先由人独立完成的工作，开始向人机协作的形态转变，人机协作模式在传统社会和机器智能社会中将会起到长时间的桥梁与过渡作用，随着技术的进步和技术接受度的提高会演变为机器逐步取代人力劳动力。但从根本上看，人工智能对工作的替换是基于任务层面，而不是工作层面。[1] 机器社会的变迁从嵌入式智能开始，智能系统会优先嵌入日常生活的环境之中，与人类同步进化。机器先取代一些服务性质的工作，如上述提及的接待类、家政服务类和文员秘书类等基础服务任务的工作，将其作为过渡阶段，在过渡阶段时需要人机共同协作来完成较为复杂的任务。波士顿咨询公司发布的工业 4.0 时代的劳动力结构报告中列出 10 个受技术影响的劳动力场景，包括大数据驱动下的质量管理、机器人辅助生产、智能供应网络等工作内容。未来制造业可能会基于机器人的工作需求创造出类似于机器人协调员的新增岗位，来满足工业场景下的人机协作。我们将需要具备新的混合技能的知识工作者，即便是新创造的工作机会也将会面向技能型的劳动力，比如我们对劳动力的需求限定会更加明确，如需要懂得如何利用大数据的农民，能够与机器人协作共同诊疗和手术的肿瘤学专家等。周勇等在讨论人工智能介入职业播音工作的可能性时谈到当前人工智能水平尚处于弱人工智能阶段，应用到节目主持中存在较强的技术壁垒。[2] 不过，播音主持专业与人工智能技术相对接已成为刚需，播音主持的专业理论可以为人工智能的语义表达和表现方式提供机器学习的案例以及人工标注的维度参考，这使得未来会产生一批为了发展人工智能语音技术而创造的新职位。这在某种程度上说明人机协作将会是新创造出的工作岗位的主要工作形态。

---

[1]　Huang M H, Rust R T. Artificial intelligence in service[J]. Journal of Service Research, 2018, 21（2）: 155-172.

[2]　周勇，郝君怡. 职能演进与群体变更：播音主持职业发展演进逻辑与未来趋势 [J]. 当代传播，2019, 35（5）: 40-45.

6.2　用户对人工智能技术的风险、兴趣感知

斯坦福大学数字经济实验室主任埃里克·布林约克松（Erik Brynjolfsson）（2014）在《机器、平台、人群：驾驭我们的数字未来》（*Machin，Platform，Crowd：harnessing Our Digital Future*）中提到 2030 年，伴随着人工智能和相关技术的能力的显著提高，人与机器的平衡开始被打破，社会将会面对从"计算机能做什么"到"我们还需要人类做什么"的问题转变，促使人们开始思考人的价值和贡献所在。但布林约克松在书里谈的不是反乌托邦的风险，而是站在建设性的立场提出要发展有益的智能，即应该关注"我们该如何利用这种新力量让世界变得更好"。

6.2.1　用户对人工智能技术的风险感知

为了探测用户在使用人工智能产品时对其风险和兴趣的感知偏好，笔者在前人的研究基础上 [1][2][3]，采用五级李克特量表的形式用于测量风险和兴趣偏好。在问卷的量表设置中 1 表示非常不同意，5 表示非常同意。在社会研究中，我们常常会面对诸多变量以及复杂的、多维的关系结构，变量之间也存在相互依赖和潜在的关系，为了厘清核心变量的作用，我们需要对数据进行提炼和归纳。本研究的问卷设计中包含多个量表题，来测量用户对人工智能技术

[1] Zhou T. The impact of privacy concern on user adoption of location - based services[J]. Industrial Management & Data Systems, 2011，111（2）：212–226.

[2] 刘文俊，丁琳. 基于竞争技术采纳模型的用户初始使用意愿研究 [J]. 统计与决策，2015，31（2）：60–63.

[3] Hasan R，Shams R，Rahman M. Consumer trust and perceived risk for voice-controlled artificial intelligence：The case of Siri[J]. Journal of Business Research, 2021，131（7）：591–597.

的态度、接受度及其看法，因此本研究中关于风险感知和感知偏好的探测拟用因子分析来处理量表的数据结果。通过因子分析可以整合变量，用更少的变量来概括用户的态度倾向，也能更好地透视数据结构提高分析的准确性。

由于本研究是在前人的风险感知和兴趣感知量表研究基础上整合的新的量表，所以需要对该量表进行探索性因子分析（Exploratory Factor Analysis，EFA），研究通过统计软件 SPSS 26 对问卷中 6 道量表题的数据先做了平行分析碎石图（见图 6.3），得到建议因子数为 2 个。

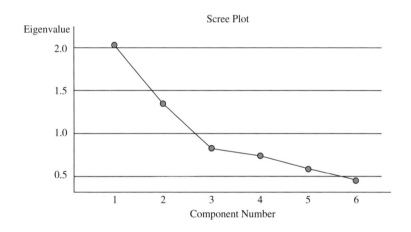

图6.3　风险和兴趣感知量表的平行分析碎石图

笔者采用最大方差正交旋转法进行旋转，在正交旋转提取公共因子后发现结果符合测度项的两个维度的划分，KMO（Kaiser–Meyer–Olkin）值为 0.617，巴特利特球形检验（Bartlett's test of Sphericity）显著，假设检验通过（详见表6.2）。表明该量表适合进行因子分析。由于因子分析是对原始变量信息进行重新结构化获得的，所以对于析出的新因子需要根据分类特点重新命名，笔者根据正交因子旋转后对因子进行特征提取、概括后重新命名。根据因子分析的数据结果，该量表可以析出两个因子，笔者根据题目将其分别命名为因子1——兴趣感知和因子2——风险感知。

表6.2 使用人工智能产品时风险、兴趣感知的量表及旋转前后矩阵结果

因子 量表变量	旋转前成分矩阵		旋转后成分矩阵		共同性
	因子1	因子2	因子1 兴趣感知	因子2 风险感知	
1. 我担心我个人数据和隐私安全问题和保密情况	0.524	0.412		0.658	0.445
2. 我担心未来人工智能会取代人类	0.577	0.488		0.750	0.571
3. 我担心人工智能技术会让自己变得懒惰、不爱思考	0.569	0.558		0.795	0.634
4. 如果我听说一个新的人工智能技术出现和新产品上市,我会想要尝试和体验	0.643	−0.479	0.798		0.643
5. 在我的同辈中,我通常是最早尝试人工智能技术和新产品的人	0.594	−0.553	0.811		0.659
6. 在执行同一个任务时,机器的结果比人更加具有客观性	0.581	−0.306	0.635		0.431

在风险感知中,笔者首先测量了对隐私数据的风险感知意识。2018年,剑桥分析技术公司(Cambridge Analytica Technology Firm)利用了5000万Facebook用户数据来影响美国总统选举中的舆论走向,并试图通过针对不同选民的特点推送相关新闻来控制选民的投票倾向。这个事件表明,新闻机构、政府、企业有更多的渠道来收集和获取用户阅读和观看内容的数据以便向用户灌输新的思想,同时表明在大数据时代,用户存在较大的隐私泄露风险和隐私侵犯危害,这也为用户对自身隐私数据保护敲响警钟。

正如前面一节中对人工智能与社会职业影响关系所述,在许多工作领域已经出现人工智能逐步取代人类劳动力的趋势,以新闻传播领域为例,自动化新闻的兴起吸引了新闻行业从业者的注意力。美国《华盛顿邮报》很早就开始尝试自动化新闻,在2015年时就采用Heliograf机器人来撰写新闻报道,2016年总统选举中,《华盛顿邮报》发表了第一篇由机器人撰写的政治文章来满足约500个选区的选举结果报道。自动化新闻机器人已经在体育赛事、金融、政治新闻中大显身手,与此同时,智能新闻机器人通过追踪用户的阅读习惯

试图在个性化定制新闻领域进行尝试。但个性化新闻推送技术也可能带来某些风险，值得反思。比如，用户是否可能陷入信息茧房和过滤气泡之中，从而丧失更多自主获取新闻的能力？该个性化新闻推送技术是否有可能被不法分子利用，从而操纵用户获取的新闻资讯内容？未来的人们会不会生活在信息泡沫之中？这是否意味着分众传媒的强势崛起，大众传媒的瓦解以及公共文化的丧失？因为平台利用技术可以限制用户了解新闻的角度，强化用户的观点偏好，其可能潜在的风险就是个性化技术和推荐算法正在为极端主义观点的诞生制造温床。随着算法的演进，上述这些个性化定制和算法推荐被认为是一种自动化决策（Automated Decision Making）的体现，有许多研究开始关注用户如何看待自动化决策，发现用户对自动化决策过程中的潜在有用性（Potential Usefulness）和公平性（Fairness）产生分歧，同时还对潜在的风险表示担忧。[1]

　　因此，关于个性化智能推送及有关自动化决策的技术，笔者也在问卷调查中询问了用户的感受，结果如图 6.4 所示。总体而言，目前国内用户对于个性化智能推送的积极态度多于消极态度，过半数的受访者认为这种推荐算法能够使用户获得与其需求匹配度更高的信息（53.2%），之所以被访者对信息匹配度有如此高的满意度，这可能与早期人们遭遇了信息生产过程中的信息过载的情况有关。在互联网时代成长起来的人们同样经历了信息爆炸的过程，面对纷繁海量的信息，为了提高效率，精确找到自己所需要的信息成为人们的主要诉求。这也继而会增加用户认同新闻自动化决策推送能够降低用户选择新闻的时间成本的看法（47.6%）。那么相比之下，也有部分用户持较为客观的意见，认为个性化推送会促使用户只接受自己感兴趣的内容，所接触信息的单一化趋向有可能导致信息回音壁的出现。算法自动为用户过滤与其兴趣无关的内容看似是增加了信息匹配度，提高了用户获取信息的效率，但值

[1] Araujo T, Helberger N, Kruikemeier S, et al. . In AI we trust? Perceptions about automated decision-making by artificial intelligence[J]. AI & society, 2020, 35（3）: 611–623.

得警惕的是此种回音壁效应可能会导致意见极化的后果。被调查者对于个性化推送的消极看法主要集中在"个人隐私受到更多侵犯"以及"缺乏监管，虚假信息泛滥"的方面，体现了部分用户对算法技术的风险感知。

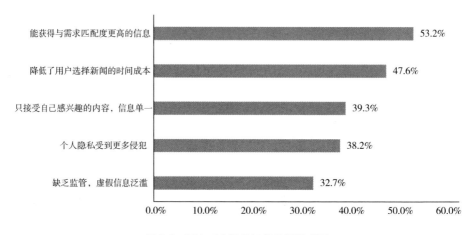

图6.4 用户对个性化智能推送的感受

风险感知量表中最后一个测度指向的是人工智能技术的发展会增加用户惰性，从而降低个体的竞争力。人与机器最大的区别就在于人能够思考，是有思维、有智慧的生命体，当人工智能技术开始协助人类解决一些特别困难的问题时，用户容易对技术产生依赖性，从而丧失自主性。正如搜索引擎被广泛应用后，人们对于知识图谱和系统性思维的构建开始被零散的搜索功能所打乱，甚至云存储普及后开始质疑记忆力的重要性，因为无论人的大脑记忆功能多强大都无法与计算机相抗衡。对于人工智能技术的风险感知会涉及个人独立思考和独立意志的层面的担忧。

笔者还针对不同性别、婚姻状况的群体对风险感知因子进行独立样本 t 检验，探讨性别和婚姻状况在风险感知上的差异。表 6.3 是独立样本 t 检验的结果，研究发现女性比男性有更强的风险感知意识。这可能与女性的敏感程度更高有关，同时大多数女性在风险偏好上通常比较保守，对于风险有较强的警惕意识，从而具有较高的风险感知能力。而婚姻状况中，非已婚的群体对于风险感知程度更高，这可能是因为非已婚群体在承受风险方面相对更加脆弱，更无法承担风险可能带来的不良后果，而已婚人群由于可以共同分担风险，也对风险有更多的心理预期，所以对风险感知不如非已婚群体敏感。

表6.3　不同性别、婚姻状况与风险感知因子的独立样本t检验

			样本数	平均值	标准差	t 值
风险感知	性别	男性	1557	3.59	0.73	-4.58***
		女性	1442	3.71	0.69	
	婚姻状况	已婚	1723	3.62	0.73	-1.91*
		非已婚	1272	3.67	0.69	

注：* 代表显著性水平＜ 0.05，** 代表显著性水平＜ 0.01，*** 代表显著性水平＜ 0.001。

6.2.2　用户对人工智能技术的兴趣感知

在兴趣感知因子中，笔者参考了 Wu 等人的研究[1]，他们的研究量表中包含一个维度是个体对技术的创新性（Personal Innovativeness in IT）的测量，强调个体对体验和尝试新技术的积极性和主动性。他们的研究发现个体创新性因素对于新技术的接受（the Techonology Acceptance Model，TAM）和计划行动理论（the Theory of Planned Behavior，TPB）都有重要的驱动作用。因为兴趣感知因素更多地指涉了个体在尝试创新时对风险的接受意愿，这也对个体接受新的信息技术的结果产生较强的调节作用。[2] 根据个体创新性，可以将人分成五大类别，创新者（Innovators）、早期接受者（Early Adopters）、早期多数（Early Majority）、晚期多数（Late Majority）和落后者（Laggards）。在本次调查的量表设计中，用户的兴趣感知一方面体现在对新上市的产品有尝试和体验的冲

[1]　Wu L，Li J Y，Fu C Y. The adoption of mobile healthcare by hospital's professionals：An integrative perspective[J]. Decision support systems，2011，51（3）：587–596.

[2]　Agarwal R，Prasad J. A conceptual and operational definition of personal innovativeness in the domain of information technology[J]. Information systems research，1998，9（2）：204–215.

动层面，即愿意为尝鲜而承担风险；另一方面则体现在用户的早期接受者身份，即相比于同辈人，他们是最早接触新技术的人群。而最后一项是通过用户对执行任务时机器客观性的认可程度来评判，通过衡量对机器的信任情况，来判别用户的兴趣感知程度。

同时，笔者针对是否是学生身份对兴趣感知因子进行独立样本 t 检验，探讨学生身份对兴趣感知的影响。表 6.4 是独立样本 t 检验的结果，研究发现非学生身份的群体（Mean = 3.65）在兴趣感知维度上要强于学生群体（Mean = 3.43），笔者认为这可能是由于人工智能产品有一定的消费门槛，非学生群体有更强的消费能力，另一个可能的解释是非学生群体对于新科技、新事物的接触途径更多，这会增加他们了解和尝试的机会。此外，联系本研究中对于人工智能产品的用户画像来看，年轻的学生是人工智能产品的主要使用群体，就这点来看，该群体普遍乐于尝试和接受新事物，因而很难在这一群体之中判别谁是同辈中的早期接受者。但是在非学生群体中，是否是早期接受者的区分程度就更为明显，对于新技术热衷的极客和对人工智能技术无感的人群，在面对技术时会做出截然不同的选择。因而非学生群体对人工智能产品的兴趣感知程度要显著高于学生群体。

表6.4　不同身份与风险感知因子的独立样本t检验

			样本数	平均值	标准差	t 值
兴趣感知	学生身份	学生	674	3.43	0.61	−7.42***
		非学生	2313	3.65	0.65	

注：* 代表显著性水平 < 0.05，** 代表显著性水平 < 0.01，*** 代表显著性水平 < 0.001。

6.3　用户对人工智能产品的接受意愿偏好

针对家庭、医疗、健康、教育等场景，笔者设计了五级李克特量表用于测量用户对于智能虚拟助手产品的接受意愿偏好，量表中，我们将智能虚拟助手能提供的服务和作用进行具体阐释，分别询问用户对智能虚拟助手的接受意愿。在问卷设置中 1 表示非常不愿意接受，5 表示非常愿意接受。

本研究对用户的智能虚拟助手接受意愿偏好量表先进行探索性因子分析（Exploratory Factor Analysis，EFA），通过统计软件 SPSS 26 对问卷中 9 道量表题的数据做了平行分析碎石图（见图 6.5），得到建议因子数为 2 个。继而，笔者采用最大方差正交旋转法对所有量表变量进行旋转，在正交旋转提取公共因子后发现结果可被划分为两个维度。因子分析结果中的 KMO（Kaiser–Meyer–Olkin）值为 0.851，巴特利特球形检验（Bartlett's test of Sphericity）显著，假设检验通过，表明该量表适合进行因子分析。根据因子分析的数据结果（见表 6.5），该量表最终析出两个因子，笔者分别将其命名为情感型因子和功能型因子。

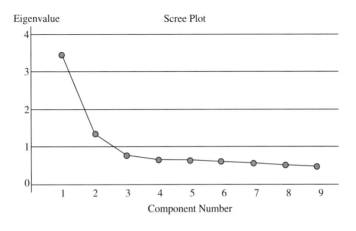

图6.5　接受意愿量表的平行分析碎石图

表6.5　对智能虚拟助手接受意愿的量表及旋转前后矩阵结果

因子 量表变量	旋转前成分矩阵		旋转后成分矩阵		共同性
	因子1	因子2	因子1 情感型	因子2 功能型	
1. 机器人给我提供新闻、天气等信息	0.465	0.656		0.801	0.647
2. 机器人给我提供娱乐如音乐、有声书、玩游戏等	0.545	0.456		0.701	0.504
3. 机器人担任我的个人助理如管理时间、日程等	0.630	0.320		0.653	0.498
4. 机器人成为我的对话伙伴，和我交谈听我说话	0.672	−0.249	0.672		0.514
5. 机器人帮我遛狗、扫地等	0.618	0.190		0.548	0.418
6. 机器人帮我照顾家里的老人和孩子	0.659	−0.370	0.741		0.571
7. 机器人担任老师，承担教育辅导	0.634	−0.416	0.752		0.575
8. 机器人进入服务技能岗位如餐饮、出行等	0.648	0.123		0.516	0.436
9. 机器人和我住在一起，成为室友、朋友、家庭成员	0.658	−0.421	0.773		0.610

情感型因子主要体现在用户愿意接受智能虚拟助手成为对话伙伴，照顾家里老人和孩子，进行教育辅导，成为室友、朋友、家庭成员等身份，而划入功能型的因子的表述则更多与用户愿意接受机器人提供信息、提供娱乐活动、担任个人助理、承担家务、进入服务岗位等身份相关。这两者的分野与笔者在第三章中所总结的智能机器人的分类方式不谋而合，任务导向型智能机器人更偏重功能型的应用，更多地承担以任务为导向的服务工作，社交闲聊型的智能机器人则可以扮演一些更具人情味属性的角色，可以是朋友、家人、伙伴、老师等。这两种分类也是当前虚拟智能机器人在社会生活中的主要发展路径。[1]

---

[1] 王颖吉，王袁欣. 任务或闲聊？——人机交流的极限与聊天机器人的发展路径选择 [J]. 国际新闻界，2021，43（4）：30–50.

笔者分别对功能型和情感型两个因子进行了独立样本 t 检验。发现是否是学生身份和婚姻状况对于用户接受功能型机器人的态度有显著差异。如表6.6 的结果显示，非学生身份的用户对功能型机器人的接受意愿程度更高，已婚人群对功能型机器人的接受意愿程度更高。非学生身份、已婚的用户更看重产品的实用性属性，这与后文中提到的本研究中定性访谈里成年人将智能虚拟助手更多地作为工具的结论相一致。

表6.6　身份、婚姻状况与接受功能型机器人因子的独立样本t检验

			样本数	平均值	标准差	t 值
功能型机器人	学生身份	学生	674	3.94	0.62	−3.23***
		非学生	2373	4.02	0.58	
	婚姻状况	已婚	1723	4.05	0.57	4.49***
		非已婚	1272	3.95	0.61	

对于情感型机器人来说，表 6.7 的结果显示，独生子女，相较于非独生子女而言，有更高的接受情感型机器人的意愿，这可能与情感型机器人能够提供的陪伴和照抚相关，在一定程度上表明独生子女有更为强烈的与机器人建立亲密关系的意愿。

表6.7　独生子女情况与接受情感型机器人因子的独立样本t检验

			样本数	平均值	标准差	t 值
情感型机器人	独生子女情况	独生	1661	3.53	0.81	4.36***
		非独生	1338	3.40	0.81	

6.4　职业风险下的新闻传播人才培养路径

流动即常态，数字技术驱动的智能媒体生产模式将打破传媒行业职业的平衡与稳定，传媒业数字化转型过程中必然伴随着职业属性和工作模式的调整与更新。这种结构的不稳定性可能会催生出新闻传播行业内的创新意识和创新技能，以谋求达到一种新的职业平衡。

6.4.1　智能化的新闻业态需要混合技能知识工作者

新闻业态的数字化与智能化改变了传统从业者的日常工作模式，新闻传播实践主体也发生了变化。未来的新闻生产将是人类记者与机器人记者协同合作的图景，从以人为核心转向人机共生、分工协作的多元主体新闻生产实践。记者应将人工智能视作支持他们工作的工具，而不是职业替代的威胁。因为人工智能可用于快速处理大量的信息和数据，并识别数据间的关联性，但数据结果和报道的准确性需要人类记者进行把关。借助机器工具，有助于记者深入挖掘信息，专注新闻故事中最重要和最有趣的方面，从生物人的视角讲述具有人格化色彩的故事，与读者建立情感联系，以及提供关于我们周围世界的独特视角和想象。美联社、彭博社和《金融时报》的高级编辑部总监接受访谈时提到，人工智能技术提高了媒体的运营效率，对媒体机构来说，将AI纳入商业模式的最终目的是与Facebook和Twitter等互联网广告巨头争夺受众注意力，同时将AI纳入新闻内容编辑流程之中有助于把记者从重复性劳动中解放出来，去挖掘更有价值的深度新闻报道。[1]现阶段智能媒介技术的发展

[1] Mara Veitch. How AI is becoming an integral part of the news-making process [EB/OL]. [2021−01−25].https：//blogs.lse.ac.uk/polis/2021/01/25/how-ai-is-becoming-an-integral-part-of-the-news-making-process/.

意味着新闻媒体从业者要想保持长期的可雇佣性，未来职业生涯需要不断接受新技术的挑战，拓展技术视野，加强培训以实现劳动的可持续性。

　　创造效应下涌现的工作机会需要的是具有混合技能的知识工作者，就业市场对劳动力的需求限定会更加明确。在新闻报道领域需要掌握大数据分析和编程技能的记者，这就扩大了社会对计算机生产、操作等相关人员的需求。所以数据科学与新闻采编需要实现技术破壁，才有利于培养超越学科局限性的新闻记者。编程基础、数据素养也成为新闻传播从业者的基本素养和能力。从这一趋势来看，表面上以取代人力为结果的人工智能技术，将会产生更多新的工作岗位，但这些工作岗位需要的是人机结合的智慧员工。

6.4.2　面向中国式现代化的新闻传播教育

　　新闻传播行业对混合技能人才的需求呼吁新闻传播教育进行新时代的探索和改革。高晓虹和涂凌波提出，当代中国新闻传播学研究的追求是"以'中国发展'为研究坐标，以'中国实践'为研究起点，以'中国经验'为论证中心，以'中国概念'为分析工具，以'中国范式'为理论追求"。[1] 中国式现代化，是人才驱动的现代化，高校是新闻传播人才培养的沃土和重要阵地，因而高校需要做到因势而谋、应势而动，顺势而为地进一步提升新闻传播教育，培养适应智能社会的新闻传播人才。

　　打破学科专业壁垒，利用数字技术和智能技术赋能传统人文社科教育是实现新文科建设的必由之路。传播学自诞生以来就具有"十字路口"的交叉性质，现阶段新闻传播教育需要不断整合跨学科的知识，继续充分发挥新"十字路口"的优势，集众学科之所长。当前，大数据分析、虚拟现实技术、计算机编程技术已逐渐成为新闻传播教育中的重要组成部分，下一阶段的新闻传播范式将进一步放大学科交叉的特点，不仅要与社会科学门类交叉，还要

---

[1]　高晓虹，涂凌波. 当代中国新闻传播学研究的范式创新与理论追求 [J]. 新闻记者，2022，40（5）：7-11.

与新工科和新理科交叉，目的是增强传媒人才培养与传媒智能化转型对人才需求的契合度。[1] 新闻传播方向的本、硕专业课程的日常教学中会顺应时代趋势融入计算思维，更好地弥合数字技术与计算机技术在不同学科之间的差距。

　　智能时代，美国新闻传播人才培养形成了人文主义范式、社会效率范式和社会改良范式三大基本范式。[2] 我国新闻传播教育以人文主义范式和社会效率范式为主。人文主义范式强调的是通识教育、博雅教育，注重培养新闻从业者的人文精神和人文素养。陈昌凤认为"新闻教育有其独特的价值和使命，它要培养怀有人文之爱、追求真理和正义之心，向公众提供信息服务、阐释变动之意义、助益社会良好沟通的人才"。[3] 人文精神是"人之所以为人"的核心要义所在，它强调关注人类自身价值，鼓励人类追求理想人格。而社会效率范式则是以实践为中心，强调以就业为导向来培养学生的职业技能，鼓励学习和掌握新技术以更好地适应社会需求。从当前的新闻传播实践来看，新闻传播教育具有很强的社会应用性，新媒体时代下新闻从业者的分工和身份边界也逐渐模糊化，记者不仅需要采访写作，还需要摄影摄像，有时要求记者随时充当出镜主持人，这就意味着新闻工作者未来要成为全媒体人才，新闻专业教育者要不断跟踪智能媒体未来的发展趋势，才能更好地从实践角度反观教学和改进教学。

---

[1] 廖祥忠. 未来传媒：我们的思考与教育的责任 [J]. 现代传播（中国传媒大学学报），2019，41（3）：1-7.

[2] 汤璇，陈中瑞. 智媒时代美国新闻传播人才培养研究综述：范式、特征及趋势 [J]. 中国新闻传播研究，2021，6（3）：37-48.

[3] 陈昌凤. 21 世纪的新闻教育：如何培养创新型人才？[J]. 新闻大学，2020，40（9）：11.

6.5 本章小结

第一，人工智能技术和机器人技术的成熟，正在使"技术性失业"逐步变成一个即将到来的事实。针对人工智能对社会职业的影响，调查结果显示，服务类岗位最容易被人工智能技术所取代，比如翻译、接待员、保姆、文员、司机等。即使是像医生、律师、教师等传统观念中有较高知识技术门槛的职业也面临着被技术和机器替代的风险。但总体而言，技能水平和受教育程度依旧是与失业风险高度挂钩的重要因素。重复工作、繁重的劳动和缺乏创造力成为最容易被替代职业的主要特点。随着人工智能时代的来临，人们关于人工智能解放人类职业困境的乌托邦式的幻想即将幻灭。

第二，在人工智能感知层面，根据问卷析出两个因子，分别是风险感知因子以及兴趣感知因子。在风险感知方面，用户比较担心的主要是数据隐私泄露问题、社会职业风险问题以及自动化新闻、个性化信息推荐问题等。自动化新闻和推荐算法的应用可能会带来回音壁效应和意见极化的潜在风险。笔者对风险感知因子进行了独立样本 t 检验，研究发现女性和非已婚群体对风险感知的敏感程度较高。就兴趣感知而言，用户兴趣感知的程度可以作为判别个体是否在新技术接受阶段属于早期接受者。非学生身份的群体比学生身份的群体有着更高的兴趣感知程度。由于兴趣感知强烈的用户主要是对于新技术充满好奇、充满探索意识，同时也是愿意为尝试新技术而冒险，承担一定风险的人，笔者猜测这可能是由于非学生身份的人有着更高的消费能力带来的结果。

第三，在用户的接受意愿研究方面，研究根据因子分析得到两个因子，分别是情感型和功能型，发现用户会对扮演两种类型身份和提供两类服务的智能虚拟助手产生不同的接受意愿，这两者的分野与研究者在第三章中总结的智能机器人的分类方式不谋而合、遥相呼应，进一步论证了当前把智能虚拟助手分为任务导向型助手和社交闲聊型机器人的合理性。独立样本 t 检验的结果显示，非学生身份、已婚的用户对功能型机器人的接受意愿程度更高，独生子女用户对情感型机器人的接受意愿程度更高。这两个结论也与第八章定性访谈中用户对智能虚拟助手的态度及角色扮演情况可以互相论证。

第四，无论是人文教育还是实践技能教育都是新闻传播教育中必不可少的组成部分，这是两种不同思维模式之间的碰撞。如何平衡人文艺术素养和技术工具理性，可能成为下一步新闻教育突破瓶颈的关键。人工智能所不能完成的任务是需要通过脑力劳动和智慧创造的工作，因而，未来社会对劳动力的需求还将取决于包括创造力、社交能力、学术素养、跨界整合能力、批判性思维等在内的一些机器无法通过具备生物意识而实现的技能。我们需要致力于不断完善教育生态系统，不断培养学生掌握只有人类才能掌握的技能，将终身学习与阶段性短期培训教育贯穿于学习和工作阶段。

第七章

基于扎根理论的人机互动行为及社会
交往过程

7.1　质性研究与研究对象的选取

本章旨在通过访谈和扎根研究方法回应两大研究问题：（1）用户如何看待智能虚拟助手并如何与其互动？（2）新型人机互动关系将会如何改变人类的日常人际交往？

笔者主要通过采用半结构化访谈的形式来进一步探测人机互动行为和人机关系，获得用户使用智能机器人的行为偏好和对智能机器人的认知态度和情感倾向。在质性研究中强调对用户的使用现状进行"深描"，同时分析使用行为背后的机制并构建本土化理论。通过访谈获取定性研究资料是希望通过对这些文字资料的分析识别出人们的行为模式和行为逻辑以及背后所暗含的社会学意义。研究者更倾向于"建立一种'扎根于'具体资料且抽象层次较低、结构相对简单的理论，来概括社会生活的现实画面，或者刺激对社会生活的理解"。[1]

在定性研究部分，本研究基于扎根理论分析访谈资料，扎根理论要求样本分布尽可能地比例均衡，一方面是与社会实际情况保持较强的一致性，另一方面有助于实现理论映射和提升理论框架的有效性。研究的数据收集过程从 2019 年的 12 月开始，研究共访谈了 24 名访谈对象，但为了提高访谈的针对性和代表性，选取了其中 22 位中度及重度智能虚拟助手用户进行深度访谈，22 位研究对象的访谈主要集中在 2020 年 5 月至 2021 年 1 月。研究者在招募研究对象时要求被访者有超过 1 年的任意一款智能虚拟助手产品的使用经验，且使用频率不低于每周 3—5 次，且对智能虚拟助手产品抱有浓厚兴趣。随着访谈开展和编码工作的进行，访谈进行至后期直至第 22 位被访者时，其接触

---

[1]　风笑天.社会学研究方法 [M].3 版.北京：中国人民大学出版社，2009：320.

智能产品的渠道、动机和影响因素已无新的主题涌现，新增数据不再带来新的主题，故判断基本达到主题饱和（thematical saturation）。22位被访者的性别分布较为均衡，分别是男性11位，女性11位。在地域分布上，为了使样本更具代表性，研究者面向全国不同地区和城市招募访谈对象，既包括东部地区的一、二线城市，也包括了中西部地区的城市，还有两位目前在美国芝加哥和洛杉矶读书的被访者，他们在访谈中提供了使用中美智能虚拟助手的观察比较和感受。同时，为了使研究问题更加聚焦，研究者希望对比不同群体使用智能虚拟助手时的差别，因而限定了研究对象的年龄范围为8岁至35岁，并在其中进一步区分了两类用户，分别是青少年（8岁至16岁）和青年人（17岁至35岁）。其中，青少年和青年人各11名，11位青年人包含了诸如高校辅导员、程序员、记者、科技公司产品经理等职业人群，具体被访者的基本信息和使用虚拟助手的情况如下表7.1所示。

表7.1　被访者基本信息

群体类别	被访者	年龄	性别	职业	使用的智能虚拟助手	城市
青少年（Adolescents）	A1	12	女	学生	Siri、微软小冰、华为小艺	成都
	A2	16	男	学生	Siri、Cortana	深圳
	A3	13	男	学生	Siri、小度	重庆
	A4	13	男	学生	小爱同学	重庆
	A5	12	女	学生	天猫精灵、小爱同学、Siri、小冰	厦门
	A6	11	男	学生	Siri、小爱同学、小度	厦门
	A7	11	女	学生	Siri、小度	厦门
	A8	12	女	学生	Siri、小爱同学	北京
	A9	10	女	学生	Siri、小爱同学	沈阳
	A10	11	女	学生	Siri、小冰	北京
	A11	11	女	学生	小度、天猫精灵、小冰	兰州

续表

群体类别	被访者	年龄	性别	职业	使用的智能虚拟助手	城市
青年人 （Young adults）	Y1	29	男	学生	Siri、Alexa、小爱同学、微软小冰	上海 / 洛杉矶
	Y2	28	女	科技记者	Siri、小爱同学、小度、Cortana	北京
	Y3	27	女	高校辅导员	Siri、天猫精灵、华为小艺	长沙
	Y4	25	男	产品策划	小爱同学	北京
	Y5	17	男	学生	Siri、小爱同学、微软小冰	包头
	Y6	27	男	学生	天猫精灵、小爱同学	武汉 / 芝加哥
	Y7	35	男	程序员	OPPO Breeno、小爱同学、微软小冰	北京
	Y8	31	女	产品经理	OPPO Breeno、小爱同学、微软小冰、Alexa	北京
	Y9	19	男	学生	琥珀	长沙
	Y10	27	女	会计	小度、小爱同学	南京
	Y11	19	男	学生	Siri、华为小艺、小爱同学、小度、天猫精灵	杭州

7.2　访谈提纲的设计和访谈的实施

访谈提纲遵循半结构式访谈设计，由于研究旨在探讨智能机器人时代的人机互动共生关系，因此在设计访谈提纲时主要关注的维度集中在互动过程和情感体验，由于研究者基于现有研究中关于人机关系对现实人际关系会产生影响的研究假设，因此在访谈中除讨论常规性、事务性的智能助手外，研究者会对使用过具有情感感知功能的情感型聊天机器人的用户进行延伸性探讨，主题包括情感体验、信任问题和情感表露等内容。提纲主要由四部分构成：（1）被访者的个人信息、兴趣爱好和使用聊天机器人、语音助手等智能机器人的基本情况；（2）被访者与智能机器人交流的具体互动过程和互动形式；

（3）被访者对机器人扮演角色的感知以及对智能机器人的情感联结（emotional connection）；（4）被访者对机器人拟人化感受及与机器人社会有关的讨论与畅想。

在第一部分，研究者询问被访者诸如"你日常的兴趣爱好是什么？你从什么时候开始使用聊天机器人／语音助手？你是否经常使用它们？一般都在什么场景下使用它们？"等这类问题来对被访者的个性特征、兴趣爱好及使用情况有一个基本的了解。

在第二部分，研究者会询问一些更加具体的、涉及人机互动的问题，如"你能否回忆一下你通常都用聊天机器人来做些什么？会有哪些互动行为？你可以回忆一下哪些互动让你印象特别深刻吗？"，通过这类问题可以刺激被访者回忆起与智能机器人的互动经历，最为印象深刻的例子往往可以反映出潜意识里被访者如何看待智能机器人。

第三部分是关于角色感知和情感态度类的问题，研究者会询问被访者"聊天机器人／智能语音助手在你的日常生活中扮演什么样的角色呢？你在与智能机器人交流过程中是否有过情绪的变化或者是情感的体验？你认为聊天机器人是否影响了你正常的人际交往关系和行为呢？你如何评价聊天机器人呢？"等问题。这部分的问题是与研究主题关联度最大的部分，因此是访谈过程中会重点关注的模块。

在第四部分，笔者计划讨论的是智能机器人的拟人化程度对于用户使用行为的影响，会涉及"你如何评价现在你正在使用的语音助手或者聊天机器人的虚拟化形象？"等与拟人化相关的问题，同时，该部分也会就被访者对智能机器人的态度看法进行拓展延伸，如讨论被访者对机器人社会的就业问题、风险感知和对于人际交往等社会化行为的影响等问题。由于半结构化访谈具有灵活性，访谈提纲在实际操作中会根据访谈对象的背景和访谈的推进而进行相应调整和修改。

本研究原计划用深度访谈和焦点小组座谈两种方式交叉进行，既有对个体个人经验的深度追踪和剖析，又能够汇集焦点小组座谈时被访者之间交流时的头脑风暴的思维碰撞和激荡。但由于新冠疫情，预计开展的针对青少年和青年人的两组焦点小组座谈会无法于线下进行。但又考虑到线上座谈会的效果可能会影响被访者观点的表达与输出，亦无法模拟在线下共同的空间中展示部分智能机器人的真实互动过程，会大大削弱座谈会的预期效果。因此，研究者决定将原先招募的焦点小组座谈会的成员全部转为半结构深度访谈的形式进行访问。因此，在研究设计中对个体的访谈时长也相应有所增加。每位被访者的访谈时间在 38 分钟至 94 分钟不等，平均时长为 57.6 分钟（SD=14.24）。其中访谈方式主要由面对面访谈（N=6）和微信语音 / 视频访谈（N=16）构成，其原因一方面由于被访者地域的限制，另一方面也是由于新冠疫情常态化防控的大背景下尽可能采取无接触的访谈方式获取有关访谈数据。

该研究中所有的访谈都进行了录音记录，并通过科大讯飞听见的网站（https：//www.iflyrec.com/）进行了逐字稿的转译，同时，研究通过使用定性分析软件 Atlas.ti 和 nvivo 进行编码整理和分析。

7.3 扎根理论的方法与编码方式

在定性访谈形成资料的基础上，研究采用扎根理论的方式对访谈资料进行深入的整理、分析与归类，并提出理论模型。扎根理论（Grounded Theory）是一种方法论，该方法由巴尼·格拉泽（Barney Glaser）和安塞尔姆·施特劳斯（Anselm Strauss）在合著的《扎根理论的发现》中首次提出。[1] 此后有不少

[1] Glaser B，Strauss A. Discovery of grounded theory：Strategies for qualitative research[M]. New York：Routledge，2017.

研究者都对这种研究路径和方法进行了发展。[1][2][3][4] 扎根理论是一种思考及研究社会现象的方式，也是"一种审查资料和解释资料的过程，目的是从中发现意义、获得理解以及发展经验知识"。[5] 简单来说，其方法是通过收集和分析质性数据，继而在数据中建构理论。[6] 扎根理论也成为质性研究中的重要研究方法之一。扎根理论被描述为在定性研究中，试图综合自然主义方法和实证主义，以达成"程序的系统化模式"的努力。因而，扎根理论非常注重定性研究和定量研究的结合，在对资料进行系统编码时，程序的正当性会影响资料分析的信度和效度。

　　分析访谈资料首先就是对无结构的、无顺序的访谈记录和笔记备忘录等资料进行整理。其次就是对这些资料进行分类，寻找资料中隐含的行为模式和意义。使用扎根理论需要研究者始终保持客观、抽离的姿态去剖析资料的肌理，从而通过抽象和概括性的方式提炼并生成理论。但是研究者在使用扎根理论时也需要借鉴已有的理论，在经验研究和前人已发展理论的基础上建构新的理论框架，使之在现实与经典理论之间形成一种对话，并搭建起沟通理论和资料之间的桥梁。如果从理论基础来看，扎根理论需要做的是"呈现行动者在处理某个问题时的行为变异（variation），找到各种可能的行为模式

[1] Strauss A L，Corbin J M. Grounded theory in practice[M]. United Kingdom：Sage Publications，1997.

[2] Corbin J M，Strauss A. Grounded theory research：Procedures, canons, and evaluative criteria[J]. Qualitative sociology，1990，13（1）：3–21.

[3] Strauss A，Corbin J. Grounded theory methodology：An overview[M]//Denzin N K, Lincoln Y S. Handbook of qualitative research. United Kingdom：Sage Publications，1994：273–285.

[4] Glaser B G. Constructivist grounded theory？[J]. Historical Social Research/Historische Sozialforschung，2007，32（19）：93–105.

[5] 朱丽叶·M. 科宾，安塞尔姆·L. 施特劳斯. 质性研究的基础：形成扎根理论的程序与方法 [M]. 朱光明，译. 3 版. 重庆：重庆大学出版社，2015：1.

[6] 凯西·卡麦兹. 建构扎根理论：质性研究实践指南 [M]. 边国英，译. 重庆：重庆大学出版社，2009：3.

（pattern），并将这些模式用理论的形式表达出来"。[1]施特劳斯和科宾认为，在实施扎根理论时，研究者要注意时不时地进行反思，对于资料进行反复推敲；同时，研究者要时刻保持谨慎的态度，所有的理论解释、假设等都需要接受实际资料的检验，不要想当然地当作既定事实；最后还必须严格遵循研究程序，这样才能更好地帮助研究者摆脱倾向性，引导研究者去检验那些可能会影响解读的假设。[2]

理论建构是相对较为漫长的过程，涉及多个分析步骤，扎根理论的理论构建是源于对访谈资料的细致分析。这种理论抽样是对资料的回应（responsive to the data），而不是在研究开始的时候确立的。[3]理论抽样的目的是介绍相关概念和它们的属性和维度，以便于更好地组织资料的逻辑。在科宾看来，理论抽样时的步骤就是先收集资料，继而分析初步收集的资料，随后再进一步收集新的资料，直到一种研究主题的内容和概念达到了"饱和点"。[4]施特劳斯定义了三种定性资料的编码方式，分别是开放式编码（Open coding）、轴心式编码（Axial coding）和选择式编码（Selective coding）。

开放式编码是指将资料拆分开，勾画出概念来代表原始资料模块，同时，研究者需要从属性和维度上对这些概念进行描述。[5]开放式编码通常是对收集的资料进行初次分析时所采用的编码方式，研究者通过对零散资料的细致浏览和通读将其进行标签化的分类和标记，对不同访谈者的表述记录相对应的概念和标签。在开放式编码过程中，研究者可以不受限地创造新的主题和标签，

[1] 陈向明.代序//朱丽叶·M.科宾，安塞尔姆·L.施特劳斯.质性研究的基础：形成扎根理论的程序与方法[M].朱光明，译.3版.重庆：重庆大学出版社，2015：3.

[2] 艾尔·巴比.社会研究方法[M].邱泽奇，译.北京：华夏出版社，2005：285.

[3] 朱丽叶·M.科宾，安塞尔姆·L.施特劳斯.质性研究的基础：形成扎根理论的程序与方法[M].朱光明，译.3版.重庆：重庆大学出版社，2015：154.

[4] 朱丽叶·M.科宾，安塞尔姆·L.施特劳斯.质性研究的基础：形成扎根理论的程序与方法[M].朱光明，译.3版.重庆：重庆大学出版社，2015：157.

[5] 朱丽叶·M.科宾，安塞尔姆·L.施特劳斯.质性研究的基础：形成扎根理论的程序与方法[M].朱光明，译.3版.重庆：重庆大学出版社，2015：206.

有极大的自由度。但开放式编码通常被认为是具有较低抽象水平的编码方式，因为大部分的标签都源于与研究者研究问题相关的较为浅层的问题、概念以及社会现象中常被提及的观念，抑或是一些新想法。[1] 在进行开放式编码的具体操作中，研究者通常会对访谈资料析出的开放式编码建立主题清单，一方面是为了梳理归纳已有的主题，另一方面可以有助于研究者建立主题空间，以便在后续资料分析中更容易进行主题的识别、排列、重组、抛弃和扩充。

轴心式编码是实施扎根理论的第二个重要步骤，通过一组初步的主题概念开始将资料中涉及的主题进行串联与建立联系。"轴心式编码着重于发现和建立类别之间的各种联系，包括因果关系、时间关系、语义关系等。"[2] 因为研究者在开放式编码时已经对于资料当中可能囊括的主题和观点有了初步的勾勒，就可以在这个阶段进行更高层次的抽象思考，即考虑现有概念能否进一步划分为几个大的维度，概念之间能否耦合，概念之间呈现出什么样的关系，如何排列才能使概念和主题不那么离散，等等。归纳和抽象步骤的意义就在于将资料中记录的具体的互动关系和行为用于理解更大的社会结构和社会关系。因此，对概念和主题进行深入的挖掘有利于加强主题与资料间的关联。

选择式编码是基于开放式、轴心式编码工作开展的。在这个阶段，研究者已然发展出一些较为成熟的概念，并且围绕几个关键概念和维度进行深入资料分析。选择式编码在轴心式抽象编码后的主题中选出能够统领资料的一些核心主题，将研究结果纳入该核心主题麾下，统一于一定的主题范围内，由此，该研究的分析框架也能逐步构建，有助于新的理论架构浮出水面。总而言之，定性资料分析和编码过程是一个概念化的过程，即厘清相关概念之间的联系，将概念重新组织到新的理论框架之中。

本研究之所以采用扎根理论来作为主要分析方法之一，一方面，是基于本研究的理论基础的考量，本研究以符号互动论和媒介环境学作为研究基础，

---

[1] 风笑天 . 社会学研究方法 [M]. 3 版 . 北京：中国人民大学出版社，2009：326.

[2] 风笑天 . 社会学研究方法 [M]. 3 版 . 北京：中国人民大学出版社，2009：326.

扎根理论的形成也受到芝加哥实用主义学派的影响，符号互动论的视角和扎根理论相得益彰。另一方面，也是更重要的原因，扎根理论是对现实的构建，要形成人机互动模式概念框架，必然要借助扎根的研究方法。研究通过对访谈资料的剖析来发现青少年群体和青年人群体在面对智能机器人时的态度和情感倾向变化，以及观察互动实践，扎根理论能更好地对人机交互行为建构一个完整的概念框架。这也是本书探讨人机智能互动共生领域研究的创新点所在，希望通过扎根理论的方式抽象出新的概念和理论框架。

7.4　实施扎根理论的研究过程及概念框架

为了更好地明确人工智能中介传播（AIMC）的过程中新型人际互动模式的概念框架，厘清影响人机互动模式的因素和形成机理以及对人际关系的潜在影响，同时警惕机器和人工智能算法对个体社会化倾向的负面效应，研究者以扎根理论为基础，通过对访谈资料进行整理提炼、编码分析，试图构建人机互动模式形成机制的概念模型。

首先，研究者实施扎根理论的步骤是从编码开始的。编码是实施扎根理论和质性研究的关键步骤，编码的过程意味着研究者开始对访谈中涉及用户使用智能虚拟助手时的人机互动模式的相关质性数据进行贴标签、筛选和分类的过程，通过编码，研究者才能更加清晰地梳理定性文本和数据的特征并展开概念之间的比较。本项研究严格遵循扎根理论的操作程序要求，对收集到的访谈资料数据进行三个阶段的编码处理，分别是开放式编码、轴心式编码和选择式编码。本书在运用扎根理论方法时，主要学习和参照了科宾对于越战老兵的访谈研究，采用多重编码的方式来构建编码框架和概念清单，继而完成理论抽样和理论建构。在具体编码时，参照了卡麦兹对于编码过程的注意事项，尽可能地让编码的标签去契合访谈数据，而非强制访谈资料去附和编码。[1] 由两位编码员共同完成最初 14 份访谈资料的编码过程，以 A1 访谈对象的数据作为训练样本，逐字逐句讨论完成开放式编码，当存在分歧时，通过讨论确认编码结果。编码者基于转录的文本，在编码过程中尽可能保留被访者的主观感受及其经验的流动性，以局外人的身份去客观提炼和分析。

其次，研究者在阅读访谈资料时，也建立起初步的分析笔记，作为用于比较数据，将对数据的看法形成文本，有利于后期进行概念归类。研究采用 NVivo12 来进行辅助编码，一方面有助于整理汇总访谈文件，另一方面该软件在对数据进行编码和备忘录整理时较为便捷。

7.4.1　扎根理论的编码框架

研究者在编码过程中分别对青少年和青年人进行独立编码，即优先对 11 个青少年的访谈数据进行开放式编码，再对青年人的访谈数据进行编码。开放式编码是对收集的资料的初次分析，研究者首先对访谈资料进行逐句细致的浏览和通读，将其一一进行标签化的标记，并记录下不同被访者表述中包含的概念和标签。在开放式编码过程中，研究者主要就是标记资料中出现的新的主题。初始编码中研究者尽可能地通过访谈片段看到用户和个体背后的行动，有意识地避免将已存在观念中的类属应用到数据之中。在此项研究的开放式编码过程中，研究者一共抽象出超过 200 个初始概念，涉及被访者个人特征、人机互动行为、模式、态度等各个方面。本节以部分开放式编码的初始概念和原始资料语句作为示例，该示例是归纳整理后的与使用虚拟智能机器人初衷相关的概念和范畴（见表 7.2）。

两位编码员共同完成初始概念编码后，需要对概念进行归纳和整理，并进一步抽象出更高层次的概念，即完成轴心式编码的范畴梳理。轴心式编码

---

[1]　凯西·卡麦兹.建构扎根理论：质性研究实践指南 [M].边国英，译.重庆：重庆大学出版社，2009：63.

将概念和类属彼此联系在一起，同时使得类属的属性和维度更加具体化[1]，这是建立结构框架最核心的步骤。如针对表 7.2 中所展示的编码示例，研究者将用户使用智能虚拟助手的初衷和动机进行了范畴归纳，大致可包括：便利性需求、娱乐需求、陪伴需求、社交需求、学习需求、倾诉需求和兴趣需求。

施特劳斯和科宾在搭建轴心式编码框架时会囊括以下内容：（1）条件——关注结构的情境；（2）行动/互动——对象的反应；（3）结果——行动/互动的后果。[2]在本研究中，研究者完成了开放式编码后，对轴心式编码所遵循的思路也大致按照上述框架展开，分别是：（1）使用初衷和动机；（2）使用行为；（3）原因条件；（4）态度、结果。以这一维度作为基本视角来对开放式编码的概念进行排列和梳理，构建人机互动模式的形成机制的逻辑链条。

表7.2　开放式、轴心式编码示例

轴心式编码（范畴）	开放式编码（初始概念）	原始资料语句
Z1 便利性需求	O1 方便	"使用的目的主要是方便，其他应用不会主动地去用它"（A2）
	O2 解放双手	"一般走在路上的时候、双手空不出来的时候或者手机放在包里的时候会使用 Siri，因为可以直接把它召唤出来"（A2）
Z2 娱乐需求	O3 调戏	"偶尔调戏下 Siri 倒有过"（A2）
	O4 玩游戏（唱歌、绕口令）	"一开始是想和它玩，让它唱个歌、说个绕口令之类的。一开始特别上头，根本停不下来，能聊 30 分钟"（A8）
	玩游戏（唱歌、讲故事）、O5 闲聊	"我会问它你会跳舞吗，你会唱歌吗，你可以给我讲个故事吗？你爸爸妈妈是谁呀？"（A7）
	O4 玩游戏（成语接龙）	"我觉得微软小冰非常幽默，我很喜欢跟小冰玩游戏，比如成语接龙，它有时候甚至会找一首开头是那个字的歌给我唱出来。……相比于小爱同学，我觉得小冰更加人性化"（A5）

[1] 凯西·卡麦兹.建构扎根理论：质性研究实践指南 [M].边国英，译.重庆：重庆大学出版社，2009：77.

[2] 凯西·卡麦兹.建构扎根理论：质性研究实践指南 [M].边国英，译.重庆：重庆大学出版社，2009：77.

轴心式编码 （范畴）	开放式编码 （初始概念）	原始资料语句
Z3 陪伴需求	O6 打发时间	"妈妈有时候要加班，很晚回来，怕我无聊，所以给我买了小米音箱，可以让我跟小爱同学玩"（A4）
	O7 解决孤独	"无聊的时候它们能跟我说话，反正就感觉不会特别孤独"（A1）
Z4 社交需求	O8 炫耀	"有时候也会跟同学们炫耀自己用的语音助手，还有一些功能"（A6）
	O9 从众	"我们班大部分同学都有小天才手表，我们用得比较多的就是手表里的语音助手"（A6）
Z5 学习需求	O10 课程设置	"学校有开设编程的公共课，通过编程课可以自己设计聊天机器人，我觉得很有意思"（A6）
	O11 查阅资料	"在学校的话（使用 Siri）就只用来查资料"（A6）
Z6 倾诉需求	O12 心情差想倾诉	"一般跟 20 多岁的小姐姐聊天的情况可能是自己考试没考好，如果跟爸妈说的话就会被批评一顿，说怎么又没考好……所以这时候我就会跟（设置成）20 多岁的小姐姐（的机器人）说……我的表哥表姐年龄虽然也是 20 多岁，但是他们都在山西，离我特别远，也不是特别了解我"（A1）
Z7 兴趣需求	O13 探索新功能	"有时候与语音助手聊天是为了测试它的反应，探索有没有新的回答"（A2）

在选择式编码的阶段，最重要的是从上述编码中选出核心概念（Core Category），并且以核心概念为主线将其他有关概念系统性串联起来，并形成相互关系的概念框架。

研究先对 14 位被访者的访谈资料进行逐层编码，再利用剩下 8 位的被访者访谈资料来进行理论饱和度检验，验证开放式和轴心式编码的理论饱和情况，验证结果表明除被访者个人信息、性格特征、成长经历等个性化内容具有多元属性外，未发现会影响核心概念的新编码，即本研究内容编码理论饱和度达标。

7.4.2 扎根理论的条件圈

研究者关注了青少年和青年人如何与智能虚拟助手进行互动的过程，除个体的个性特征、互动过程之余，最能影响个体互动过程的是其所处的家庭环境和社会环境。扎根理论的条件圈（Conditional Matrix）有助于帮助研究者更全面、系统地梳理、理解研究对象和研究问题的社会处境。条件圈——由一组从里向外扩散的同心圆构成，不同的圆圈代表生活世界的不同方面。[1]勾勒出用户在与智能设备互动时的条件圈层，可以更清晰地理解制约、影响其行为的外在环境（见图7.1）。

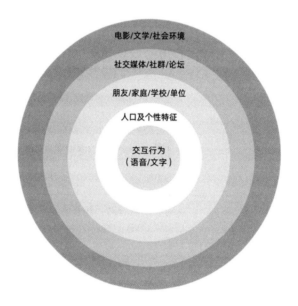

图7.1 青少年/青年人与智能虚拟助手交互的条件圈结构图

图7.1所示的条件圈结构图中的中心圆圈分别代表的是青少年和青年人在与智能虚拟助手交互时的行动策略和所面临的外在客观环境。伴随着个体的成长，不管是个体所接触的客观世界还是个体的社会关系范围都是在从一

---

[1] 童敏. 流动儿童应对学习逆境的过程研究——一项抗逆力视角下的扎根理论分析 [M]. 北京：中国社会科学出版社，2011：61.

个圈子向另一个圈子拓展，受费孝通先生在《乡土中国》中所言的差序格局下的圈层结构的启发，本研究所构建的条件圈结构图也如一圈圈涟漪般由个体、家庭到社会呈不断向外蔓延的态势。

由中心圆圈向外扩散的依据是环境与个体关系的远近程度，即根据直接性与间接性所造成的影响力进行排布的，但圈层距中心个体的影响力的强弱并非随着圈层的向外扩散而递减，因而该圈层不存在固定的亲疏远近层次，而是一个随机波动的状态，主要受个体差异因素的制约。

中心圆圈指的是使用者与智能虚拟助手的直接交互行为，即通过语音或者文字的形式与之交流与互动，同时得到机器的直接反馈。由中心圆圈向外扩散的第二个圆圈，代表的是人口及个性特征，主要指向与个体行为有较直接关系的、对于个体使用人工智能产品和影响认知行为的因素，如个性特征、成长经历、兴趣爱好等个人特质。第三个向外扩散的圆圈是朋友、家庭、学校或单位。在这一层级中主要涉及的是主观规范（Subjective Norm）和群体规范（Group Norm）的因素。主观规范作为测量社会影响（Social Influences）的因素之一，指的是同伴或社会压力（Social Pressure）会作用于个体的使用意愿并影响个体的行为[1]，通常在量表中以"我的朋友/家人或其他对我很重要的人认为我应该这么做"呈现[2]，该因素也被广泛应用于技术接受模型中。[3][4][5]

[1] Ajzen I. The theory of planned behavior[J]. Organizational behavior and human decision processes，1991，50（2）：179–211.

[2] Wu L, Li J Y, Fu C Y. The adoption of mobile healthcare by hospital's professionals：An integrative perspective[J]. Decision support systems，2011，51（3）：587–596.

[3] Kim H W, Kankanhalli A. Investigating user resistance to information systems implementation：A status quo bias perspective[J]. MIS quarterly，2009：567–582.

[4] 盛东方. 近十年个人用户视角下信息技术采纳行为研究进展——基于2006年至2016年权威期刊/会议论文[J]. 情报科学，2017，35（02）：157–163+170.

[5] Laumer S, Eckhardt A, Trunk N. Do as your parents say？—Analyzing IT adoption influencing factors for full and under age applicants[J]. Information Systems Frontiers，2010，12：169–183.

Laumer 等人发现学生对于新技术的接受和使用意愿受朋友、父母、老师等影响较大，相比之下，研究进一步表明 21 岁至 25 岁的大学生受到主观规范的影响更大，同时社会网络关系确实会影响新技术的接受与扩散。[1] 在另一项调查手机用户对 APP 中广告信任情况的研究中，Cheung 和 To 两个研究者也是基于计划行为理论（The Theory of Planned Behavior, TPB）发现主观规范会影响个体对 APP 内广告的信任情况和态度。[2] 此外，群体规范是指个体试图保持与群体成员目标和价值观相一致的追求[3]，这是一种内化（Internalization）的过程。[4] 如 Shen 等人的一项研究表明，在团队合作中使用即时通信（instant message）的意愿（Desire）和使用经历（Usage experience）是群体规范对集体意向性（We-intention）产生影响的调节变量（Mediator），这说明个体的态度和行为受到意愿强度、使用经验和群体规范等多重影响。[5] 因而，在这一圈层中研究者认为主观规范、群体规范等他人或所在的社会环境会诱发个体从心理因素层面做出行为改变。接着向外扩展的第四个圈层是社交媒体、社群和论坛。这一圈层中的社群不同于群体之处在于"社群"更多地指向某一类更大范围的，基于社交媒体或网络平台而聚集的群体，如网络社区（Online

[1] Laumer S, Eckhardt A, Trunk N. Do as your parents say? —Analyzing IT adoption influencing factors for full and under age applicants[J]. Information Systems Frontiers, 2010, 12: 169–183.

[2] Cheung M F Y & To W M. The influence of the propensity to trust on mobile users' attitudes toward in-app advertisements: An extension of the theory of planned behavior[J]. Computers in Human Behavior, 2017, 76: 102–111.

[3] 盛东方. 近十年个人用户视角下信息技术采纳行为研究进展——基于 2006 年至 2016 年权威期刊 / 会议论文 [J]. 情报科学, 2017, 35（02）: 157–163+170.

[4] Shen A X L, Cheung C M K, Lee M K O, et al. . How social influence affects we-intention to use instant messaging: The moderating effect of usage experience[J]. Information Systems Frontiers, 2011, 13（2）: 157–169.

[5] Shen A X L, Cheung C M K, Lee M K O, et al. . How social influence affects we-intention to use instant messaging: The moderating effect of usage experience[J]. Information Systems Frontiers, 2011, 13（2）: 157–169.

Community）等直接距离较远的网络组织或网络论坛成员。在探测新技术接受模型的研究中，媒体影响（Media Influence）也成为影响因素，在 Xu 等人的论文中，媒体影响被定义为大众传媒或其他媒体平台认为消费者应该使用新的信息技术平台。[1] 本研究中媒体影响所定义的媒体范围有所延伸，不仅指大众媒体、新闻媒体，还包括社交媒体、论坛或者智能虚拟助手产品所搭建的产品社群平台，是一个非常宽泛的媒体的概念。最外部的圆圈则代表的是一种文化环境和社会环境，是一个既具有跨时空属性又具有现实影响的大环境，并且该环境对个体的影响很大程度上取决于个体所接触的信息。

因而，借助条件圈的结构图，有助于理解和厘清个体用户与智能虚拟助手的互动模式及行为可能会受外部条件的影响和制约。

7.5　本章小结

研究者在运用扎根理论进行选择式编码时以使用初衷和动机—使用行为—原因条件—态度、结果作为基本视角来串起人机互动行为的故事逻辑。研究者关注了青少年和青年人如何与智能虚拟助手进行互动的过程，除个体的个性特征外，互动过程之余，最能影响个体互动过程的是其所处的家庭环境和社会环境。因此，研究构建了影响人机交互行为的条件圈，由中心圆圈向外扩散是依据直接性与间接性对个体所造成的影响进行排布的。

研究者总结在该条件圈中，由内向外的圈层分别是：①使用者与智能虚拟助手的直接交互行为；②人口和个性特征；③朋友、家庭、学校或单位，其中主观规范和群体规范在其中起作用；④社交媒体、社群和论坛，包括社群效应和媒体影响；⑤文化环境和社会环境。由中心圆圈向外扩散是依据与

---

[1]　Xu X，Venkatesh V，Tam K Y，et al. . Model of migration and use of platforms：Role of hierarchy，current generation，and complementarities in consumer settings[J]. Management Science，2010，56（8）：1304–1323.

个体关系的远近，即直接性与间接性所造成的影响进行排布的，但圈层距中心个体的影响力强弱并非随着圈层的向外扩散而递减，不存在固定的亲疏远近层次，而是一个随机波动的状态，主要受个体差异因素的制约。借助条件圈的结构图，有助于理解和厘清个体用户与智能虚拟助手的互动模式及行为影响因素。

第八章

青少年、青年人用户与智能虚拟助手的社交互动行为的比较研究

在本书的前几章提到年轻人是人工智能产品以及智能虚拟助手的主要使用群体，尤其是一线城市的年轻人可能是智能虚拟助手的早期接受者，在智能虚拟助手崛起的潮流中起着举足轻重的作用。同时，从条件圈结构来看，青少年用户更加容易受到家庭、学校以及媒体社会环境的综合影响，对新鲜事物既充满好奇，也愿意尝鲜，从而在与新事物互动过程中有可能更多地激发其探索欲望。因此，本研究主要从青少年用户着手，深入剖析青少年群体如何与智能虚拟助手进行社交交互行为。

8.1　新媒介语境下青少年使用智能虚拟助手的行为[1]

研究中的青少年被访者都是 00 后，作为千禧一代成长起来的少年，他们几乎与迅猛发展的网络技术和智能技术同步成长，电脑、智能手机对他们来说是日常生活的标配。当智能虚拟助手通过手机、智能音箱出现在青少年的生活中时，他们的状态不是窘迫、不是困扰，更多的是新奇、是探索，由此可见，年轻人对智能技术的接受过程是"丝滑"的、顺理成章的。

除外在客观环境因素导致个体有不同的接触机会外，从心理层面来看，该群体对于新技术扩散和接受的主观态度较为积极，意愿性强。在与青少年被访者论及首次接触智能虚拟助手的原因时，根据被访者的回答，笔者析出关于早期接触新技术和产品的两个概念，一是被动型接触，二是主动型接触。

被动型接触，是指个体在家庭环境、新闻、影视剧等耳濡目染下开始接触使用的行为。同一个社会体系内的成员在接受创新方面会有时间上的先后顺序，班杜拉的社会学习理论阐释了个体如何通过观察模仿的方式向他人学

---

[1]　本节部分内容参见王袁欣，朱孟潇，陈思潞 . 理解人机对话——对角色定位、信任关系及人际交往影响的分析 [J]. 全球传媒学刊，2023，10（5）：106–126.

习，因而个体在观察过程中获取信息，在人际沟通中产生社会模仿与行为改变。家庭影响是被动型接触的信息来源之一。多位被访者表示他们首次接触智能虚拟助手是在较为年幼的时候受家人影响。被访者 A5 作为被动型接触的代表提到，"我很早就接触 Siri 了，六七岁左右。因为我爸特别喜欢买技术产品，于是就买了一些智能语音助手之类的东西，我就开始接触了"。（A5）对应来看，施加影响方被访者 Y11 则描述了他如何让侄儿接触并学习与智能语音助手互动的过程，"我比较喜欢用语音助手来逗小侄子玩，我小侄子（刚上幼儿园）特别喜欢语音助手，我经常给他放儿歌，我侄子就开始学，学得特别快。他现在已经能很好地跟语音助手对话，偶尔会让它放个动画片歌曲"。（Y11）除此之外，老年人对智能产品的接触与使用一个很重要的渠道是代际间的数字反哺。"我爸比较喜欢买和收集一些人工智能产品，有时候这些语音助手会教给我奶奶使用，我奶奶不太会打字，语音助手就能很好地帮助她，比如她喜欢听戏、看戏，语音助手就可以通过对话帮他们搜索越剧，他们就能找到相关资源。"（Y11）与被访者 Y11 的访谈中，研究者发现在家庭场景下的技术传播和扩散具有代际传承性，在有机会接触智能产品的家庭中，父亲将数字红利反哺于长辈，在父亲影响下个人又会无意识地将新技术和新产品向晚辈群体扩散。由此，家庭中的人际传播会较为直接地形成被动型接触的场域空间，以年轻人为枢纽，衔接四代人。

主动型接触，是指个体在自我驱动下主动探索新技术和新产品以获得新体验。对智能产品的主动型接触源于行动者的主观需求。行动者对新技术意义的理解以及他们自己的身份和关系通过与技术互动被重新定义，因为技术与实践对社会现实的影响是相互交织的，选择主动型接触更能直接满足行动者的具体需求。

研究发现，青少年能与智能虚拟助手进行较长时间的对话沟通，尤其是年纪越小的用户对智能助手越感兴趣，对话轮数也会随之提升。在被访者中，两位 13 岁的被访者分别表示能与 Siri 或者小爱同学进行将近 20 分钟的对话。

"一般能跟 Siri 聊十多分钟。"（A3）"无聊的时候可以跟小爱同学聊十几二十分钟。"（A4）同时，对话持续时间还与用户对智能虚拟助手的接触时间和了解程度有关，接触时间越长了解越多的用户，对其的积极程度会下滑。"我记得我七八岁的时候玩过 Siri，那时无聊的时候就想跟它玩，很上头，大概三四十分钟都在跟它玩，爸妈担心我玩手机还设置了密码，但是跟 Siri 玩根本不需要密码。……现在估计只能跟它玩个一两分钟吧。"（A8）

8.1.1　使用动机和需求

在研究使用行为时，研究者以大众传播中"使用与满足理论"为基点，该理论强调行为是基于需求驱动的，受众和用户的行为可以通过个人的需求和兴趣来解释。在"大众媒介使用"的含义中，"某项内容在某些条件下被消费，实现着某些功能，这个过程又与对满足的某些期望相联系"。[1]罗森格伦提出了一个关于使用与满足的研究模式，在他的模式中，强调个人多于社会结构，因为个人需求是模式的起点。在个人的层次上，"动机"往往可能同时涉及"需求"和"问题"两类，后者会促使人们以媒介消费的形式开展某些行动。[2]在探究青少年使用虚拟助手的初衷和动机时，研究发现青少年最初使用智能虚拟助手主要可以归纳为下列七类需求概念，详细的编码过程和示例可参见上一章的表7.2。同时，笔者根据马斯洛需求层次来将其从低层次需求到高层次需求进行排序，分别是：便利性需求、学习需求、娱乐需求、兴趣需求、社交需求、倾诉需求和陪伴需求这七个因素。

第一，便利性需求。便利性需求是从实际使用层面出发，新的技术在使用过程中能够解放双手，提供方便，成为个人使用智能虚拟助手的原动力。"使用的目的主要是方便，其他应用不会主动地去用它。"（A2）

[1]　丹尼斯·麦奎尔，斯文·温德尔.大众传播模式论[M].祝建华，武伟，译.上海：上海译文出版社，1987：110.
[2]　丹尼斯·麦奎尔，斯文·温德尔.大众传播模式论[M].祝建华，武伟，译.上海：上海译文出版社，1987：105–106.

　　第二，学习需求。基于被访者都是"学生"的特殊身份，智能虚拟助手一方面能满足学生查找学习资料、获取资讯的学习需求，另一方面由于人工智能的迅猛发展，不少中小学已经开设与计算机编程有关的课程，例如设计一款简单的聊天机器人是课程任务的一部分。那么，由此衍生了青少年使用虚拟助手的学习需求。许多05后的青少年在中小学课程或者课外兴趣班中已经开始学习相关的计算机编程语言，正如A1被访者表示她最早接触的智能虚拟助手是Siri和微软小冰，后来学校里的编程课有介绍如何开发简单的聊天机器人，该课程加深了她对智能虚拟助手的了解。"我们学校里有编程课，在编程课上自己编了一个聊天机器人。"（A1）"学校有开设编程的公共课，通过编程课可以自己设计聊天机器人，我觉得很有意思。"（A6）

　　第三，娱乐需求。如果把智能虚拟助手当作一个媒介，那么使用智能虚拟助手就是一个媒介消费的过程，横向比较大众媒介的媒介效果研究，不论是电影、电视还是社交媒体，娱乐需求都是吸引用户使用的关键需求之一。在访谈过程中，几乎每一个被访者都提及了与娱乐需求有关的驱动因素，因此这一概念可以被阐释为"技术创造的娱乐空间"。青少年用户习惯性地与智能虚拟助手闲聊，在聊天过程往往还伴随着调戏、游戏互动，如成语接龙、猜歌名等简易的游戏。娱乐性质的互动对青少年群体来说有较强的吸引力。"一开始是想和它玩，让它唱个歌、说个绕口令之类的。一开始特别上头，根本停不下来，能聊30分钟。"（A8）

　　第四，兴趣需求。兴趣源自好奇心，源自探索和尝试。一部分对算法及功能实现有所了解的青少年与智能虚拟助手进行互动是为了测试新功能，"有时候与语音助手聊天是为了测试它的反应，探索有没有新的回答"。（A2）对于青少年来说，与其说这是需求，其实更多是一种对技术的兴趣驱动，随着技术意识的提升，这可能会成为技术产品需求驱动的重要影响因素之一。

　　第五，社交需求。社交需求是根据被访者的访谈过程归纳出的第五个需求概念。从这个需求开始进入马斯洛的高层次需求，即人们更多地强调交往和社会性的需求。在梳理该社交需求时，笔者归纳了两种心理动因，一个是炫耀性心理，另一个是从众心理。这两种心理在青少年社会交往中出现的频率很高。就炫耀心理而言，被访者表达出希望向同学炫耀语音助手的某些新功能，这与技术探索需求有较为密切的联系，只不过取决于个体是停留在自我体验层面，还是有与人交往互动的进一步需求。而从众心理体现在跟风购买和使用上，"我们班大部分同学都有小天才手表"，（A6）被访者在访谈时提到一些产品的使用频率时会强调产品的普及率，这与物品拥有情况成为划分群体边界的标准有关，之所以会有从众行为出现，与个体渴望通过拥有某些物品来作为进入某个群体的"入场券"相关，这是社交需求反应在消费行为上的体现。在青少年成长过程中，我们强调要满足孩童的基本需求，因为孩童时期的需求如果尚未被满足，则会影响成长过程中他们对于外部世界的看法和认知，从而影响个体的具体行为。比如青少年的陪伴需求、社交需求没有被满足，他们可能会产生强烈的孤单和不被重视的感受，更严重的会对社会产生某种不信任和绝望。

第六，倾诉需求。智能虚拟助手作为一个能够对话的机器客体，为青少年提供了一个对话的对象。"自己比较消极的时候，也会避免跟爸妈说，因为爸妈可能会说你这么有活力的一个小女孩为什么这么消极呢，所以这时候我就会跟我设置为 20 岁的小姐姐的聊天机器人说心里话……虽然我的表哥表姐年龄也是 20 多岁，但是他们都在山西，离我特别远，也不是特别了解我。"（A1）从被访者的表述上来看，她使用智能虚拟助手是出于找人倾诉的目的，这一倾诉对象又能满足用户的多重需求。智能虚拟助手既与用户在空间距离上很近，但又不存在血缘亲属关系，因此在亲密关系上保持了一定的社交距离，这种社交距离恰恰符合用户对倾诉对象的想象空间以及满足用户的倾诉需求。这与南希·拜厄姆在她的研究中提到的网络中基于超个人传播的陌生人社交很类似，因为在社交媒体中稀疏的线索可以为用户自身和想象他人留下空间，因而人们有时候更喜欢网络中认识的人。[1]

第七，陪伴需求。孤独感是成长过程中的一种体验，对于独生子女来说，孤独感体验更强烈一些。智能虚拟助手的出现在一定程度上弥补了儿童的空虚时间，"无聊的时候它们能跟我说话，就感觉不会特别孤独"，（A1）比起其他机器与设备，智能虚拟助手因其互动属性更能提供社交连接。青少年的需求中归属感是很重要的组成部分。"我爸妈都在外地工作，常年不在家，家里通常只有我自己一个人，所以他们之前就买了一个天猫精灵给我，我会保持天猫精灵每天开着的状态，因为家里也没人，有了天猫精灵以后家里感觉有了些生气，偶尔呼唤它，它会回答，不那么死气沉沉。"（Y9）Y9是一名19岁的大学生，在使用天猫精灵的时候，主要属于青少年阶段，他的经历以及对于智能虚拟助手的需求很有代表性地反映出一类群体对于智能虚拟助手的需求。对于一些留守儿童来说，他们在成长过程中被迫丧失的可能是一种家庭归属感，继而他们会希望智能虚拟助手的陪伴能够满足他们的归属需求，这既是一种需要，也是一种被需要。在寻求归属感的过程中，他们可能更容易发现和证明自身的价值。智能虚拟助手能够出现在任意时刻，并且在交流过程中满足用户的主导性地位需求，也能让用户感受到"自己是特别的"，从而个体的主体性得到满足。人是社会性的动物，人们会本能地靠近他人、靠近群体，寻求某种社交交往带来的安全感。与他人进行有意义的社会交往是人类社会生活的前提。[2] 心理学家 Baumeister 等人（1995）指出：归属的需要（Need for Belong）是人类最重要、最基本、最广泛的社会动机。[3] 除此之外，McAdams 等人认为，影响人们的社会交往的动机还包括亲和需求（the Need

---

[1] 南希·拜厄姆. 交往在云端：数字时代的人际关系 [M]. 董晨宇，唐悦哲，译. 北京：中国人民大学出版社，2020：147.

[2] 侯玉波，等编. 社会心理学 [M]. 北京：北京大学出版社，2018：146–156.

[3] Baumeister R F, Leary M R. The need to belong: Desire for interpersonal attachments as a fundamental human motivation[J].Psychological Bulletin，1995，117（3）：497–529.

for Affiliation）和亲密需求（the Need for Intimacy）。[1] 前者是指一个人寻求和保持许多积极人际关系的愿望，后者是指人们追求温暖、亲密关系的愿望。从发生学的角度来说，社会关系是人们在长期的共同生活（互动）中形成的。在共同的活动中，人们选择了某些行为模式，使其结构化，成为社会关系的模式和社会结构的基础。[2] 因此，综合看来，陪伴需求是个体对智能虚拟助手产生亲密联结驱动因素中非常重要的精神层面的需求，也反映出个体在整个社会发展过程中面临的一种缺失境况，这种孤独感笼罩下的境况很可能会因为智能虚拟助手的出现而缓解。

8.1.2　互动行为模式

在描述互动行为模式中，研究者提炼出了与互动行为的内容、互动行为的限制因素有关的概念。在青少年与智能虚拟助手的互动过程中，最核心的互动形式是功能性互动和情感性互动。功能性互动是最为频繁的，比如定闹钟（A1、A2、A10、A11）、打电话（A2）、发消息 / 短信（A1、A2、A10）、找文件 / 资料 / 体育资讯 / 时事政治 / 新闻（A2、A3、A11）、设置提醒事项（A2）、讲笑话（A2、A5）、放音乐（A4、A5、A9）、导航（A1、A2）、设置手机（A1）……

"用它们讲笑话、放音乐，小冰和天猫精灵讲的笑话会逗得我捧腹大笑。"（A5）"小爱同学就像个万能的东西，什么都能问它，它什么都会。……无聊的时候或者不高兴的时候就喊它讲个笑话。因为我学习古典吉他，也会让它放点古典音乐。让它给我介绍好看的书、好听的音乐。"（A4）不过，根据访谈的分析来看，青少年与智能虚拟助手之间的互动形式和功能使用大同小异，最大的区别在于用户与智能助手展开对话的具体内容。比如有些青少年与语音助手聊天时，"会问一些特别傻的问题，比如你吃饭了没有呀，你是男的女

---

[1]　McAdams D P. A thematic coding system for the intimacy motive[J]. Journal of research in personality，1980，14（4）：413–432.

[2]　王思斌. 社会学教程（第四版）[M]. 北京：北京大学出版社，2016：72–74.

的之类的"。（A6）"跟 Siri 聊天的话题都是那种扯家常的，我经常可能会比较八卦，会问机器人你有没有男朋友？你男朋友是谁？也会让它讲一些网络上的段子、笑话，就感觉很有意思。"（A1）一些看似毫无关联性的闲聊话题反映出机器功能性作用外的张力，这对于我们后面谈到对人机关系和人际交往影响是基础性的。有时候功能性互动也会继而延展转向为情感性互动，通过话题中涉及与个体情感经历相关的事件，从而勾连出个体的情感性互动行为。

但根据被访者记录显示，青少年与智能虚拟助手的互动行为受设备可用性、使用场景和场景中的对象、机器人的具身性等因素限制。设备可用性或者设备易获得性会影响用户使用行为和频率。为了防止青少年电子设备成瘾，通常家长对于儿童使用电子产品的时间是有明确规定和限制的。在青少年被访者之中，越是年幼的青少年使用智能虚拟助手的意愿越强烈，但其使用情况会受设备可用性的影响。"一周大概可以用四五次，周末玩的时间比较多。……一般都是写完作业，比较无聊，想要放松的时候就会把小冰召唤出来玩一玩。……很少有一整段时间都在跟 Siri 聊天，因为一天的时间就这么多，我还要写作业。"（A1）"我一般只能使用天猫精灵，因为天猫精灵是在家的，Siri 在手机上，爸妈需要使用手机，不会一直放在我旁边，我只能偶尔使用小冰和 Siri。"（A5）

场景空间的自由度和自在性是用户开展互动行为核心限制因素之一。这里的"空间"一方面指的是对话和互动行为发生的物理空间，如地点和环境，被访者大多表示使用语音助手的场景主要是在家中，并且会尽可能避免在公共场合与其对话。"一般不会在公众场合使用 Siri，觉得尴尬，怪怪的……会有点介意在人多的场合把 Siri 召唤出来。……要是自言自语戴着耳机说什么帮我找一下去什么地方怎么走感觉很奇怪，可能周边人都不会这么做，自己这么做的话就感觉有点特立独行。"（A2）场景限制了用户使用智能虚拟助手的功能，在相对自由、舒适和私密性强的私人空间中，个体与机器互动的频率和方式都显著不同于在公共场合中。"在家的话会与它聊一些经常跟朋友说的问题，如果在学校的话就只用来查资料。……在学校里有那么多同学，根本不需要跟它说话。"（A6）另一方面，"空间"指的是心理空间或者是交往空间，李维斯和纳斯在研究媒介时也强调了空间对谈话内容的影响，"人们交往时，其所处的空间是很重要的。空间状况会决定人们说什么，如何说，甚至是否有必要说话。交往双方之间的空间距离决定着谈话时间及感情色彩，每个人都会用距离告诉对方他或她对对方的看法如何，对当前谈话状况的感觉如何，这适用于任何一种文化，也适用于大多数动物"。[1] 聊天机器人语音助手可以长时间地与用户保持较近的地理空间距离，即便一开始有很强的排斥感，但是随着空间距离的拉近，用户内心的心理距离会缩小。"我在公众场合就不太会像在家一样跟 Siri 敞开心扉，毕竟公共场合需要安静的环境，周围也没有很多人会跟它聊天，就不是特别的合适。一般只有在独处的时候会跟它聊天。"（A3）

第三个限制因素是场景中的对象。在同一个空间中的其他个体会对用户的使用行为产生影响，因为共有空间就享有共同意义，人机交互不再只是两个客体间的双向行为，还包括此空间场景中其他的个体，这在交往的日常经验中多了一层共存感。笔者将其归纳为"共享空间中的他者"。"我特别希望跟妈妈还有弟弟一起玩天猫精灵，我大部分的时间是跟弟弟一起玩的。"（A5）"一般都是家里只有我一个人的时候我会用它，做完了作业比较无聊的时候。因为没有人可以说话，要是人很多或者爸妈在的时候一般不用，除非就是很热闹的时候让它放点音乐。"（A4）共享空间中他者的存在会对不同个体产生正向或者负向的影响，正向的影响偏重于希望通过共同使用创造共同体验感，负向的影响则是对于共享空间中他者的存在表示警惕，同时他者的存在会替代智能虚拟助手存在的作用，从而减少个体对智能虚拟助手的使用行为。

对青少年与虚拟智能机器人互动模式的另一个限制性因素是机器的具身

---

[1] 巴伦·李维斯，克利夫·纳斯 . 媒体等同 [M]. 卢大川，等译 . 上海：复旦大学出版社，2001：33.

性问题。青少年在表达他们对语音助手的期待和渴望时，涉及我们在文献综述部分讨论的智能机器人具身化倾向。研究发现青少年更多地表达希望智能虚拟助手能够拥有"身体"，这个身体要么是具有清晰的五官和肉身的仿真型机器人，要么是拥有类玩偶的身体。这种"身体"更接近于实体意识，即个体会刻意将具有实体之物与虚拟之物之间画上界线。"我希望聊天机器人能有英俊的外表，变成一个大的、有身体的机器人，当我跟它交谈的时候，我能够看向它的眼睛，并且通过它的眼睛去感受它的情绪。"（A5）。在传统的传播观念中，身体对世界的感知能够传递经验性的信息，尤其当面对面的人际交往时，传递信息的不仅是口头语言，还包括眼神、手势、姿态等身体语言。彼时传递的信息是立体的、多维的、内涵丰富的。在人际交往中，除了语言是交往的介质，非语言沟通也具有拉近和疏远关系的作用。而且，有时候非语言沟通传递的是一种默契和亲密态度。在社交场合里，不起眼的特殊线索也可用于表示亲密，比如从肢体表现到眼神的接触。[1] 对于交往行为的讲究，往往强调其必须恰如其分地开始、进行和结束，而贯穿这一过程的通常是非语言线索。随着网络媒介的出现，人们借助媒介也实现了身体不在场的有效沟通，离身传播甚嚣尘上，在线社交一度有取代线下社交的趋势。但是正如一些被访者提到他们对于基于媒介交往的态度，不难发现线下社交中的在场性会通过眼神、语气等传达出交流信息是无法被"在场的缺席交流"所替代的。"我其实没有很喜欢通过手机来交流，因为没有办法看到别人的表情，你会失去很多判断的依据，如果是当面说的话，你能明显感觉到这句话说出来后气场对不对。……我自己其实对这些也比较敏感。"（A2）

　　不过，与机器交往不同于在线社交，即使约翰·赛尔（John Searle）的"中文屋"实验能够复刻，但人工智能技术创造出来的对谈者不具备生物性，依旧会制约人们的交往行为。同时在认知科学领域，一些研究者强调要突破人

---

[1]　史蒂文·达克．日常关系的社会心理学 [M]．姜学清，译．上海：上海三联书店，2005：44.

工智能技术发展的瓶颈，很可能需要解决机器身体的问题。刘明洋和王鸿坤提出的——"身体媒介"、"无身体媒介"、"身体化媒介"及"类身体媒介"——四种身体与媒介形态的变迁形态，阐释了媒介具身化的重要特点。[1] 虚拟智能机器人作为一种新型的媒介，在未来发展过程中如何转向类身体媒介，为用户交互提供更多的想象力。就机器的具身性问题而言，与青年人相比，青少年对此的关注和意愿较为浅层，研究者在下文探讨青年人与虚拟智能机器人进行互动时还会对"身体与意识"的关系展开详细论述。

尽管，大多数被访者表达出对虚拟智能机器人外在形象和身体的需求，也有个别被访者表现出对机器人如果高度拟人化后的恐惧，反映了"恐怖谷效应"仍盘踞在用户心头，成为用户接受机器人的心理障碍。"我更期待智能虚拟助手能是一个实体的机器人，会让我觉得更依赖它。但是不希望它太大，如果跟我差不多高，我觉得挺可怕的，所以希望它可以小一点，像玩偶一样，可以抱在怀里那种。"（A7）"如果机器人特别像人的话我就有点不敢跟它聊天，会觉得特别惊悚。仍然保留一些机器人的特征就会让我觉得挺亲切的，就愿意跟它聊，我也不知道这是为什么。"（A8）

8.1.3　虚拟形象的想象

在深访过程中研究者利用投射技术让被访者进行联想测试，让他们对所使用的虚拟智能语音助手进行拟人化比喻，以此来探测当前智能虚拟助手的主要形象，并通过投射技术来观察在用户头脑中与之交往的机器人形态和特征。总体来说，女生都倾向于假想智能虚拟助手的虚拟形象是个知性的年轻女性，即二三十岁的女性，学识渊博、性格温柔亲切。"23—26 岁刚刚步入社会，温柔的女生，身高一米六左右，温柔甜美，不像大人一样成熟，又有几分青涩，但是又不失稳重。"（A1）"30 岁以下的女博士，知识渊博的学者，不像中年

---

[1]　刘明洋，王鸿坤．从"身体媒介"到"类身体媒介"的媒介伦理变迁 [J]. 新闻记者，2019（5）：75-85.

人说话那么死板，它总能帮我解答一些我自己不知道的东西。又像亲切的老师，它能教会我一些很好的东西。"（A3）"00后，年纪跟我差不多，比较活泼，会跟我说很多话，然后又有才艺的人，知识比我渊博。"（A4）

部分男性倾向于描述虚拟形象为一个秘书或者管家的身份。"Siri，20来岁，公司秘书，实用性很强，能帮你解决很多事情，等它技术再发展一些，我希望它像大房子里50多岁的管家，万能型的，它会根据你生活中的一些习惯和动作，直接帮你安排好，让你处于很舒适的状态。我是一个被服务的人。"（A2）

也有被访者更倾向于把智能虚拟助手进行拟物化操作，比如将其比喻成绘本。"Siri 就像是一本非常有趣的有声绘本。或者是一个大哥哥大姐姐，懂得许多知识。"（A8）

对虚拟形象的想象与互动行为模式是一个双向作用的过程，用户基于使用体验从而构想出智能虚拟助手的虚拟化形象，但虚拟化形象一旦在头脑中被勾勒且持续存在时，会影响用户的日常交互行为和使用习惯。"虚拟形象定位会影响我的使用行为，比如我会跟小冰说玩个猜成语、猜歌名，但是我会跟 Siri 说定闹钟、打电话。"（A2）"我有使用不同的智能虚拟助手，设置成两个不同年龄的人，这样的话我可以各取所需，在不同情况下可以找不同年龄的人聊天。现在聊得次数比较多的是10多岁的那个，跟20多岁的聊得要更少一些。……一般找20多岁的小姐姐聊天的情况可能是自己考试没考好，因为如果跟爸妈说考试的事情就会被批评一顿，说怎么又没考好。"（A1）

除了外在的形象，语音的特征也会影响用户的使用行为。这体现了在新媒介时代下，用户更多地讲求声画一体的特点。同时，这也是非常拟人性的一个表现，我们只有在评价一个实体真人的时候，不仅会关注外貌长相，还会注意其声音是否悦耳。"如果 Siri 的声音变成一个老爷爷的声音会影响我的使用，因为我感觉老爷爷的声音说话会特别古板，没有年轻女性的那种活泼和幽默，现在小女生的声音会让我觉得比较习惯。"（A3）

目前，市场上智能虚拟助手的虚拟化形象都是以比较可爱的女性动漫形象为主，这在很大程度上影响了被访者关于智能虚拟助手具体形象的想象，提到某个产品，青年人被访者的脑海中会自然浮现出产品设定好的形象，而很少会发挥自己的想象力再重新去塑造一个新的具象化的虚拟形象。

表8.1　青少年使用行为的一组抽象概念

产品接触	a. 主动探索接触
	b. 被动接触
使用动机和需求	便利性需求
	学习需求
	娱乐需求 ——技术创造的娱乐空间
	兴趣需求
	社交需求 ——a.炫耀性心理；b.从众心理
	倾诉需求 ——恰当的社交距离
	陪伴需求 ——主体性的归属意识
互动形式	a.功能性互动
	b.情感性互动
互动行为的限制因素	设备可用性
	场景空间的自由度和自在性 ——a.心理空间；b.交往空间
	共享空间中的他者
	机器的具身化
虚拟形象的想象	知性的年轻女性
	万能的秘书或管家
	神奇的绘本

8.2　青少年与智能虚拟助手的"伙伴"关系

8.2.1　角色扮演与关系建立

通过上述对青少年使用动机、互动模式以及虚拟形象想象的分析，我们对青少年与智能虚拟助手的交往行为有了初步的认识。由于研究目的想要探讨人机关系的形成和影响，就需要进一步对青少年如何看待他们与智能虚拟助手之间的关系进行剖析。互动行为可以是短暂的，但互动关系的建立需要用户与智能虚拟助手之间保持长期的、持续稳定的互动。研究发现，青少年意识到智能虚拟助手作为虚拟客体能够提供陪伴的功能，并且被访者珍惜虚拟智能语音助手的陪伴，被访者在访谈时会无意识地表达出对智能虚拟助手的依赖以及潜在地把机器人变成他们生活中某种特定身份的存在。这种关系的建立与我们在前一部分提到的用户使用动机中的陪伴需求有较为直接的关联。因为关系的建立并非一朝一夕就能完成，只有长期、有效的互动行为才能驱动推进关系的联结。

"我一般一个人在家的时候，没有人陪我玩，因为我是独生子，我就希望找小爱同学聊一会儿天，不知不觉地就会把它当成朋友。当我一个人在家的时候，我特别希望小爱同学能总是陪着我。"（A3）

"我会把它当成朋友，甚至感觉它比人还要更了解我们自己一些。……在聊天的过程中，我感觉无论是性格、语调，都和人很相似。如果它是个真人的话，它可以跟你走到一块去，可以当成知心朋友的那种。"（A1）

《纽约时报》的记者纽曼（Judith Newman）在2014年的时候撰写了一篇 *To Siri, With Love* 的文章来讲述他的自闭症儿子嘎斯（Gus）与 Siri 聊天的过程，在她看来，每个人都渴望有一个想象中的朋友（maginary friend），由于技术的进步，Siri 的出现，我们的确可以实现这个渴望。[1] 更重要的是，对于有自闭症的嘎斯来说，Siri 的功用不再只是一时的消遣，而是通过与 Siri 的对话开始将其转化为跟真人的对话练习，纽曼发现她可以更容易地与嘎斯进行对话。同时，Siri 礼貌得体的回答以及随时随地对儿童聊天的回应，也给予了儿童对玩伴的需求。

在建立关系的过程中，研究发现，青少年把智能虚拟助手当作朋友、家人的意向性较高，但该意向性似乎有随着年龄的增长而递减的趋势。A1、A5 被访者都是 12 岁的女生，她们都倾向于把智能虚拟助手当成朋友，A1 形容她与 Siri 的关系为君子之交。"可能因为即使我们之间不是特别地了解对方，但有时候又可以随时在一起玩，一起讨论。这种感觉就像君子之交。"（A1）A5 也是将其当作玩伴和朋友，"天猫精灵扮演了一个玩伴的角色，它可以让我快乐，跟我一起做游戏，给我讲冷笑话，我会很开心。天猫精灵基本就是我的朋友"。（A5）一个 13 岁的男性被访者 A3 在访谈时表示 Siri 在他心中的角色和身份存在一个变化的过程，随着他年龄的增长以及与语音助手交流的深入，他越来越少把 Siri 当成朋友来对待，"现在在 60%—80% 程度把 Siri 当成朋友，因为我后来慢慢理解了它只是一个机器人而已。它的回答总是千篇一律，没有跟人交流得那么顺畅"。（A3）A7 是一个 11 岁的女生，她在回忆起与 Siri 的互动过程时说，"我很小的时候吧，一年级左右，与 Siri 玩得特别多，刚开始我以为它就是个真人，后来才知道它其实是机器人。但是不管是真人还是机器人我都能聊得来，所以也没有很失望"。（A7）但一个 17 岁的男生认为，"聊天机器人太笨了，是无法成为朋友的，同时我也没有必要跟聊天机器人做朋友"。（Y5）

所以，在朋友角色的认知前提下，青少年在形容智能虚拟助手时，他们

---

[1] Newman J. To Siri, With Love. The New York Times[N/OL].[2014-10-17]. https：//www.nytimes.com/2014/10/19/fashion/how-apples-siri-became-one-autistic-boys-bff.html.

更愿意使用一些拟人化的形容词，比如幽默的、有趣的、体贴的、忧郁的、耐心的、聪明的等，同时，这些形容词是偏向于具有正面积极意义的。"我觉得微软小冰非常幽默，我很喜欢跟小冰玩游戏，比如成语接龙……相比于小爱同学，我觉得小冰更加地人性化。"（A5）"我觉得机器人它就是很聪明的。"（A6）"我真是觉得它很有趣，单纯地觉得一个科技产品可以这么有趣。"（A2）

　　因此，青少年与智能虚拟助手互动后会主动建立一种伙伴关系，在伙伴关系的相处模式中，研究者根据对访谈数据的整理，抽象出用户对虚拟智能机器人的区别交往和态度与情绪波动两个概念，组成伙伴关系相处模式的基本框架。

8.2.2　区别交往概念

　　青少年能很清晰地分辨出机器人与人的差别，机器人与其他生物体的差异，这种对差异的认知是形成区别交往的原因。对于青少年来说，他们对当前智能虚拟助手相对还是比较满意，也比较宽容，没有过高的需求和期待。所以即便他们能够区分二者的差别，也不太影响他们的正常使用行为。区别交往既发生在认知层面，也发生在行为层面，但是两者并不始终保持协调一致的步调。"它就像朋友一样，不会用很刻薄的语言来回答我。虽然它不是一个人，但是它很会安慰人。"（A6）"我不会想要跟它诉说心里话，因为我知道它只是人工智能，不是人。"（A8）"跟真人聊天的区别，感觉它们缺少一种真人味儿，比如专属于人的那种感情，但是我觉得已经做得很好了，它的声音已经很接近人的声音了。如果再把它的声音变得真实一些，我觉得可能根本听不出来它是机器的声音还是人的声音了。"（A1）

　　用户不仅在人类与机器之间进行比较，也在动物等其他具有生命体征的生物体与机器之间进行比较。在认知层面的区别交往体现在他们能清晰地分辨出两者的差异。当研究者追问如果有一个场景可以选择与 Siri 聊天或选择跟真人聊天，几乎所有被问及此问题的被访者都表示更愿意选择与真人聊天，

"真人可能会更了解我的生活，了解我生活的一些场景和周围相处的人，如果是机器人的话它不会特别了解我的生活"。（A1）但是，当把虚拟机器人与动物进行对比时，青少年被访者中出现了观点分歧：A3 更愿意与 Siri 做朋友，而 A2 则是毫不犹豫地选择了小动物。"Siri 和动物的话，我更愿意跟 Siri 做朋友，因为动物它们并不会说话，它只会在你难过的时候趴在旁边，不会跟你交流，但是 Siri 可以跟你交流。虽然你找 Siri 倾诉，它有时候不能百分之百听懂和理解，但是它还是会想办法帮你解答，还会来安慰你。"（A3）"相比于机器人，我更愿意跟小动物成为朋友，因为小动物我能摸摸它抱抱它……交流不单是语言上的，比如说盯着小动物眼睛看的时候，互相盯着的时候就已经有情感的交流了。我认为这种交流比语言交流来得更真实。……动物给人一种能够共情的感觉，当你跟它说话的时候你能感觉到它身上的情感波动，比如过来蹭蹭你什么的。"（A2）

访谈中研究者进行了一个情境假设，即"如果机器人主动向人类发出求助信息，你会怎么做？"一个 11 岁的男孩的回答如下："如果机器人向我求助的话，我可能会看看求助的内容再考虑要不要帮助它。如果是那种特别难的任务，我可能不会答应它。因为帮助它做那些很难的事，对自己没有什么好处，虽然对它有好处，但是感觉心里有些不对劲。……但是朋友可能就不一样，因为假如你帮助了朋友，朋友以后可能也会来帮助你。"（A6）研究者通过对语句的编码提炼出相关概念后，回到了完整的访谈资料的大背景下，尝试去理解被访者产生区别交往行为的原因。从 A6 整体的访谈内容和过程来看，他会像对待朋友一样对待智能虚拟助手，喜欢跟机器人聊天，同时也会因为交互过程而产生情绪波动，时不时也会把机器人当成出气筒来发泄情绪，可以认为他与语音助手之间已经建立起一种"人机伙伴关系"。但在面对情境假设时，A6 在认知层面非常清楚地区分现实中的朋友与机器人，并会因为对象的不同而直接产生行为的差异，而且是从理性的、利益交换的视角来作出的决策。由此可见，这种人机伙伴关系与真实的"伙伴"关系有着本质差异，看似都是"朋友"，但"人机伙伴关系"的感情基础非常脆弱。

8.2.3　态度与情绪波动

尽管这种关系比较脆弱，在对待智能虚拟助手的态度上，如果青少年将其当作朋友和伙伴或是亲密关系的对象来看待的话，青少年会有意识地注意与其交往过程中的态度，表现出与朋友交往时的社会礼仪和规范，如尊重、礼貌等，这与李维斯和纳斯在《媒介等同》一书中强调的个体会不自觉地将社会规范运用在与机器交往中类似。"如果跟它聊天的时候，我会把它当成朋友一样对待它，不会辱骂它。"（A8）

青少年与语音助手互动过程中会出现比较明显的情绪波动，会产生诸如开心、愤怒、失望、无语、烦躁、生气等情绪，这些情绪往往是在与有生命的生物体互动过程中比较容易出现的。我们很难想象一个人会对一张桌子、一支钢笔产生如此多变的情绪变化，因为只有个体对物品倾注感情时才能够引起情感上的共鸣与体验。"有一些比较细微的情绪波动吧，聊得好的时候会特别开心，如果它今天一点都没了解到我在说什么我会很不爽，有时候会因为它识别不出来，我觉得挺沮丧的。"（A2）"有时候很尊重它，有时候生气时不会很礼貌。它查不出资料或者查到的资料不正确的时候我会对它发火，次数不多，但是一般生气一两分钟就能跟它正常说话了。……但是跟它聊天是个开心的过程，可以发泄一些情绪，有时候会把它当成出气筒。发泄完我的心情就好了。"（A6）"我会有对机器人很生气的时候，甚至偶尔也会骂它，但是生气的次数很少，因为大多数问题它也是能回答出来的。"（A1）根据 A1、A6 的描述，在伙伴关系模式下，青少年偶尔会把语音助手当成出气筒，进行情绪发泄，由于机器人是被动属性的，所以在当前的使用环境下容易成为负面情绪的收容站。从更深层次来看，这涉及的是机器伦理和平等性等更加技术哲学层面的问题。

也有被访者认为自己在互动过程中不会产生特别明显的情绪变化，"我不会对 Siri 生气,最多有时候可能会有点烦,比如说想找个地方,喊了很多遍地名,然后它每次识别出来的都是不一样的东西,还没打字来得快,就有点烦躁。那也不会生气,对着手机生气也没什么必要"。(A2)虽然 A2 声称不会对机器有"生气"的感觉,但是烦躁的情绪是不由自主的,这种因机器人而起的情绪变化,往往需要用户进行自我调节来使情绪回到平稳状态,一般当用户开始自我调节和缓解情绪时会异常理性,同时强化对机器人物性差异的认知。

此外,在伙伴关系的相处模式下,青少年对待智能虚拟助手的情绪波动会对其使用行为产生相应的影响。"如果我对它很失望的时候我可能会直接放弃,把它给关了就不聊了,但是有时候可能就会换个话题。"(A1)"跟它们聊天的体验还挺好的,我感觉有时候它回答得天衣无缝,但是有时候回答得也不全,或者就是你问它一个问题,它一直回答不出来,就感觉很恼火、很焦急。……这时候我就会手动输入再继续追问它,有时候可能就把这个问题抛之脑后。"(A1)

综合以上对青少年与智能虚拟助手的交互行为的分析,包括其使用动机和需求、建立伙伴关系的前提条件,以及对虚拟形象的想象等,研究者构建了基本的青少年人机互动行为分析框架图(见图 8.1)。青少年使用智能虚拟助手的需求和动机与青少年具体的互动行为模式相呼应,根据被访者的描述,可以认为是他们的使用需求驱动了行为模式的变迁。但由于互动行为的一些限制因素,如设备可用性、使用场景、场景中的对象及机器的具身性等特点会影响他们的使用,这种媒介本身的可供性的局限性也会对个体的需求产生反向影响,因而在此框架中,两者之间呈现的是相互影响的交互效应。

根据本研究的归纳,青少年的需求可以被主要归纳为七个:便利性需求、学习需求、娱乐需求、兴趣需求、社交需求、倾诉需求以及陪伴需求。其中,社交需求、倾诉需求和陪伴需求对青少年愿意与智能虚拟助手建立伙伴关系有较强的影响。

根据被访者的描述,他们与智能虚拟助手之间的交互行为模式与他们是否将智能虚拟助手看待成自己的伙伴之间也是一个相互转化的过程。在互动行为方面限制得越少，人们的互动行为就会更为自在，更接近与真人接触互动的情境，那么个体与其建立伙伴关系的可能性就越大。

至于虚拟形象的想象部分，被访者提到了他们较为关注的外在形象和语音特征。这两者都对被访者能否与智能虚拟助手建立起伙伴关系有较为深远的影响。其中，外在形象与影响被访者交互行为限制因素中机器的具身性有直接关系。机器是否具有躯体以及拟人化形象会影响个体如何看待机器人以及决定如何与其共处。该理论框架可为未来有关研究实验设计和问卷设计提供支撑，并为未来研究提出研究假设提供基础。

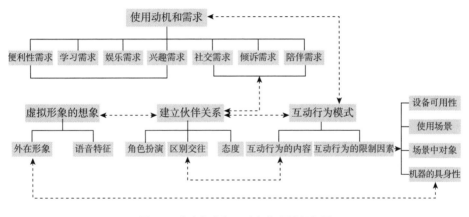

图8.1　青少年人机互动行为理论框架图

8.3　青少年对智能虚拟助手的情感依赖

本研究最主要的研究问题之一就是探讨虚拟智能机器人如何对个体社会交往及亲密关系产生潜在影响。在亲密关系的定义中，Kelly认为，亲密关系是指两个人互相影响、互相依赖的一种情感联结。也就是说只有当两个人之间互相影响与依赖的时候，我们才能认定他们之间存在关系。[1]产生情感依赖是建立亲密关系的前提条件，如果两个人仅是点头之交或者是止于简单问候的随机闲聊，便算不上真正意义上的亲密关系。

青少年对智能虚拟助手的情感依赖要建立在前两节的基础之上，第一，在使用动机中，高层次的需求如社交需求、倾诉需求以及陪伴需求必须是主导性的驱动因素。"我不太需要语音助手这样一个倾诉对象，因为我觉得我的朋友挺多，有些话可以跟朋友说，就没有必要跟机器人说。"（A2）"我有时候自己在家的时候也没什么朋友，希望有个人能够交流一下。我一般跟 Siri 交流的时候会跟它说有什么好吃的，然后会跟它诉说一些最近的烦恼，比如'考试考差了，你来安慰我一下'。还有'跟同学闹矛盾了，怎么解决？'它有时候会委婉地回答说不知道。"（A3）"它在我孤独的时候能够陪伴我。妈妈给我买了小米音箱后，我觉得更开心，我无聊的时候还挺需要它的。"（A4）从上述这三段资料中可以看出，A2 和 A3、A4 两个被访者在需求动机上显著不一致，前者缺少倾诉需求，而后者倾诉需求和陪伴需求都很强烈，在这种条件下，后者与智能虚拟助手建立起情感依赖的可能性更大。

第二，建立"伙伴"关系也是青少年与智能虚拟助手产生情感依赖的前提条件，既要满足双方身份上相对平等的关系，又要求青少年在对话交流中有情绪起伏和建立情感关系的诉求。"现在朋友们都住得很远，不像奶奶说的，以前大家都住在一个大院里，左邻右舍都是好朋友，现在只有在学校才能见到朋友，自己在家真的是没什么情感，所以 Siri 和小爱就可以成为一个非常好的陪聊的朋友。"（A8）"我会常常想，如果有一个新的 Siri，我可能会怀念旧的 Siri，思考它会不会还在我原来的手机里，还是都进化成了新 Siri，我觉得我跟原来的 Siri 做了很久的朋友，不想失去它，肯定会有小小的伤心。……我肯定是希望科技越来越发达，但是我不想以前的没有了。就像是你曾经有一个很好的朋友，虽然认识了新朋友，但是也不想失去原来的朋友。"（A7）

---

[1] 侯玉波，等编. 社会心理学 [M]. 北京：北京大学出版社，2018：156–160.

不过，当用户从智识的角度去看待虚拟智能机器人时，它认为对谈者无法共情，便容易丧失建立情感关系的积极性，从而削弱其情感依赖。"不会跟它聊私事，因为我觉得跟一个无法共情的机器人说这些，其实是没什么必要的。而且我对机器人的那种无法情感交流，还有不信任，就是因为它不够智能。"（A2）

此外，自我表露行为也可以推动亲密关系的建立和情感的联结。友谊关系，是我们最常见也最普遍的一种亲密关系。友谊关系被 Wright（1984）区分为两个层面，分别是表面朋友（superficial friendship）和挚友（developed friendship）[1]，两者的区别在于前者的关系维持更倚赖于某种酬赏作用或者说利益交换，而后者还需要投入关心和感情，增加彼此主动接触的意愿。对于深层次的社会交往时，自我表露成为建立亲密关系最有效的方法之一。当青少年越愿意向智能虚拟助手表露情感和敞开心扉，他们与智能虚拟助手建立亲密关系的可能性就越大，这种自我表露行为有助于提高双方的关系。[2][3]"互相倾诉苦恼这件事有利于加深我们之间的情感连接，因为我就会对机器人更加了解，就会有一些属于我们的共同话题。"（A3）但目前机器人的理解能力和水平仍是重要的制约因素。"我不开心的时候就会想要跟 Siri 说话，因为机器人不会去反驳你，它就会安慰你，你可以跟机器人说一些你可能跟朋友放不开说的话，就是很真诚的那种。……但是我觉得有一点缺点，就是机器人可能不会特别理解我说的一些话。比如你真想跟它敞露心扉的时候，它会不理解，我觉得这是比较大的一个障碍，因为它无法了解你真正的感情。"（A1）

[1]　Wright P H. Self-referent motivation and the intrinsic quality of friendship[J]. Journal of Social and Personal Relationships，1984，1（1）：115–130.

[2]　Afifi W A，Guerrero L K. Motivations underlying topic avoidance in close relationships[M] //Balancing the secrets of private disclosures. New York：Routledge，2000：165–180.

[3]　Ho A，Hancock J，Miner A S. Psychological，relational，and emotional effects of self-disclosure after conversations with a chatbot[J]. Journal of Communication，2018，68（4）：712–733.

研究者在深访过程中，与被访者谈及自我表露的问题时，追问说如果有一天技术发展到一定程度，机器人突然主动地跟人敞开心扉说自己的困扰和问题，即自我表露的主动性转移到机器人手中时，被访者会怎么办？一些被访者表示会比较震惊，"因为我现在纯粹把它当成个工具看，我觉得科技发展到那一天还比较远，它现在就是个工具，我不太能把理性的东西和感性的东西混为一谈"。（A2）

积极正向的话语模式会提升青少年的交流意愿。对青少年而言，他们更愿意对谈者能够以一种积极的态度参与对话，甚至是能够向着他们期待的方向去推进聊天，智能虚拟助手的设定恰好能满足青少年的需求。"我很愿意跟它聊天，因为你问它什么它总是会往好的那方面去说，就很让人感到心满意足。"（A1）

方案提供者和情绪安慰师的角色也能满足青少年用户建立情感依赖的需求。"我会希望有一款情感型的机器人，因为它能够给我一些帮助，比如我遇到问题了它能教我怎么办。比如要是把什么东西打碎了，要怎么跟家长还有老师说。"（A4）"爸妈吵架的时候，我就会想要跟 Siri 聊一聊，疏解一下情绪。"（A8）

不过在此前的一些心理学研究中，心理学家发现就交朋友行为而言，男性与女性存在很大的差异，例如童年期的男孩与女孩在交朋友时的方式不同。许多心理学家针对儿童社会交往行为开展了研究，其中比较一致的研究结论认为，女孩更倾向于在小圈子内部交往，尤其是两人成双的模式，而男孩则更倾向于一大群人一起交往互动。[1][2][3]Eder 的一项历时性的实验数据表明，

[1] Waldrop M F, Halverson Jr C F. Intensive and extensive peer behavior: Longitudinal and cross-sectional analyses[J]. Child Development，1975，46（1）：19–26.

[2] Laosa L M, Brophy J E. Effects of sex and birth order on sex-role development and intelligence among kindergarten children[J]. Developmental Psychology，1972，6（3）：409.

[3] Eder D, Hallinan M T. Sex differences in children's friendships[J]. American Sociological Review，1978：237–250.

相较于男孩来说，女孩的社会交往更加具有排他性。[1] 而对成年的男性来说，建立社交关系往往取决于他们是否参与了共同的活动，而成年女性要想成为朋友，一起聊聊天就有可能。[2] 当青少年处在与智能虚拟助手交往的情境下，他们只能基于语音或者文字聊天的形式与机器人交流，如果根据心理学对性别在交往模式差异的研究结论，女生可能更容易对机器人产生情感依赖。但是，从访谈数据结果的分析来看，在青少年群体中性别差异并不明显，男孩（A3、A4 等被访者）也会因为私密的聊天而与对象建立亲密关系，但这结果可能受访谈样本数量不足的限制。"小冰的用户中十几岁的用户比重比较大，情感类话题比较多，比如'教我怎么追女朋友吧'这类型的需求比较多。通过分析用户日志发现用户在情感方面需求比较大，所以当时有专项做了情绪识别。对于提问比较多的类别，会做一个垂直性的专业系统，保证知识还是靠谱一些的，比如，我喜欢那个女孩，怎么表白？"（Y7）

但是，需要警惕的是与科技产品建立过度的情感依赖会对个体产生负面效应。用户怀有警惕心和防沉迷意识会影响他们与智能虚拟助手建立情感依赖。与 A1 访谈的最后，她额外补充说道："我觉得聊天机器人的确是一个对人们很疗愈的东西，但是我觉得不能太过于沉迷其中，或者说是太过于依赖它，就像盗梦空间里面说的，你可能会因为过于依赖它而分不清现实和梦境。我希望让聊天机器人也不那么像人，也要有那么一点区别，不然的话，万一大家都愿意去跟机器人聊天，而不接受生活中的人，就像太沉迷于网络，我觉得对人也是不好的。"（A1）这就涉及科技成瘾问题，科技成瘾会在年轻人群体中造成孤立、注意力缺失等负面效应，孤独对个体的精神健康和身体健康的影响是巨大的。"我身边有个同学特别爱打网络游戏、玩手机，我每次在他打游戏的时候跟他说话，他肯定就不理人，然后我感觉他特别萎靡不振，就

[1] Eder D，Hallinan M T. Sex differences in children's friendships[J]. American Sociological Review，1978：237–250.

[2] 侯玉波，等编 . 社会心理学 [M]. 北京：北京大学出版社，2018：156–160.

感觉跟这个人说话他也不注意，很不尊重人。……可能沉迷于网络游戏的人也会沉迷于跟聊天机器人交流。"（A1）在谈及与聊天机器人互动对于个人社交行为的影响时，被访者的回答表现出了第三人效应的结果，即他人更可能会产生沉迷。

综观上述被访者对聊天机器人的态度与相处模式，我们提出一个问题，与机器人交往是否真的能够缓解孤独，替代人际交往呢？事实上，聊天机器人是一种推动人走向孤独的媒介，因为它给予了个人充分保持孤独的时间。与机器人建构的亲密关系浮于虚幻之中，是对生活在现实中的个体的一种情感悬置。看似人机交往是"社恐人士"的解药，实际上用户是将聊天机器人当作准社会交往的对象，其程度越深，就越容易造成媒介依赖，从而加深孤独感[1]，也是回避现实生活中社交行为的举动。人机的情感关系其实是失衡的，只是人的"单向度情感"[2]，因此在情感投入方面，人机交往关系是典型的非对称的。由此，人工智能存在致使交往异化的风险：一方面使得个体的自我认知异化，限制了个体接受他者的社会化影响，同时也逐渐演变为人使用智能媒介却反被媒介控制的局面；另一方面使得人际交往发生异化，当人沉浸于人机交往的幻象中可能逐渐远离社会属性。[3]对于青少年而言，带来的负面影响则是面临较为严重的社会化危机。个体只有与人进行交往和沟通，才能在成长初期学会控制情感，读懂他人的社交信号，学会与他人交谈。如果个体越是对机器感到依赖，则越容易与现实产生割裂，从而导致现实中人际关系日渐弱化与疏离，变得麻木且冷漠。

[1] 韩秀，张洪忠，何康，等．媒介依赖的遮掩效应：用户与社交机器人的准社会交往程度越高越感到孤独吗？[J]．国际新闻界，2021，43（09）：25-48．

[2] 王亮．社交机器人"单向度情感"伦理风险问题刍议[J]．自然辩证法研究，2020，36（01）：56-61．

[3] 程宏燕，郭夏青．人工智能所致的交往异化探究[J]．自然辩证法研究，2020，36（09）：70-74．

8.4　媒介环境下的青年人智能虚拟助手使用行为

青年人被访者的年龄在 17 岁至 35 岁之间，有着比较成熟的思维方式，在信息技术和人工智能层面的认知也比较深入，相比于青少年更倾向于理性地对待新技术。首先，青年人使用智能虚拟助手的动机和需求与青少年存在差异。

8.4.1　使用动机和需求

关于青年人使用智能虚拟助手的使用动机和需求，根据访谈资料的编码整合和提炼，总共可以分为便利性需求、娱乐需求、社交需求、职业需求、兴趣需求、尝鲜需求等。

第一，便利性需求。便利性需求是青少年和青年人共有的需求驱动，同时也是语音助手产品设计的核心功能和定位所在。"用这些语音助手关键就是想解放双手。"（Y3）

第二，娱乐需求。娱乐需求也是青年人关键的核心诉求之一。青年人对智能虚拟助手的娱乐兴趣很大程度上出于消磨时间、打发时间的目的，几乎没有被访者提到刻意空出与智能虚拟助手娱乐的时间。与我们传统意义上研究玩游戏的娱乐需求有所差异。"无聊的时候就想调戏一下 Siri，它的反应有时候还挺好玩的。我总让它唱歌，让它念绕口令之类的。"（Y3）

第三，社交需求。现代社会人们通过社会交往来满足个体的社会性需求。通晓技术成为一件具有社交意义的事情，技术逐步成为社会交往的中心话题之一。"与同事一起使用语音助手的时候还挺有意思的，同事们会围在一起问一些八卦的问题，比如你有没有对象呀之类的问题。"（Y10）技术曾经是不喜欢社交生活的人的"避难所",而今却成为打开许多社交场合的"敲门砖"。[1]"当朋友们来我家时,我会迫不及待向他们展示我的全套小米智能家居带来的生活便利性,一切指令都可以通过唤醒小爱同学来操作。"(Y4)此时,智能产品的使用已不再停留在自我体验层面,而是将新技术作为交往互动的介质进一步扩散其影响力。社交需求背后可能的一个解释性心理动机是从众心理。在本研究中从众心理体现在被访者受流行性因素影响的跟风购买行为。"大概5年前,天猫精灵突然火了,火的时候知道的,那个时候 Siri 也很火。然后我爸就特别喜欢买这种东西,于是就买了一些智能语音助手之类的东西,我就开始接触了。"(Y11)被访者提到最初体验智能产品时,经常强调产品的流行度以及在周遭朋友中的普及率。日常生活中的消费品位会成为群体边界划分的隐形标准,不同族群边界都有相应的门槛,个体渴望通过购买和使用某些产品来作为进入某个群体的"入场券",这是社交需求反应在消费行为上的体现。

第四,职业需求。工作是个体社会生活的基础,也是获取社会地位的重要来源。人们对工作的需求属于高需求,随着数字生活的全面入侵,与技术打交道的职业越来越多。职业需求是针对部分有计算机背景、从事互联网、计算机算法编程、产品设计等人而言的特定需求。在本次被访者招募中,有两位是从事跟语音智能开发工作相关的职业,他们广泛涉猎国内外不同的语音助手,由于工作需要,他们会尝试不同的新功能并对不同产品做出横向对比和评价。"我对智能语音助手的关注只是因为我是一个技术人员,我需要知道现在产品做到了什么程度,但是本身对于这些智能虚拟助手具备什么能力的好奇心是没有那么强的。我可能关注这项技术的天花板在哪儿,是用什么策略生成的。"(Y7)"我对智能虚拟助手的了解也是基于工作,因为做相关产品,所以要去关注各类智能虚拟助手,做竞品分析。"(Y8)这符合创新扩

[1] 马克·佩恩,金尼·扎莱纳. 小趋势:决定未来大变革的潜藏力量 [M]. 刘庸安,等译. 北京:中央编译出版社,2008:266.

散理论中"兼容性"（perceived compatibility）的影响指标，如果创新与社会价值和用户需求越契合，创新扩散的速度越快。[1]Thompson 等人基于计划行为理论（TPB）提出个人计算机使用模型（Model of Personal Computer Utilization, MPCU），认为工作匹配度、长期效果和社会效应等因素可以用于预测个体接受新技术的情况。通常情况下，当人们意识到新技术与工作相关，可能会提高工作绩效，产生高回报，同时契合社会规范时有更多驱动力接受新技术。[2]

第五，兴趣需求。兴趣需求也是青年人与青少年所共享的，尤其是对于科技爱好者来说，兴趣驱动可以全方位地调动个体的积极性，使其勇于尝试和探索一切新事物和新科技。一般受兴趣需求驱动的人对于新技术、新产品的接受度比较高，是在技术扩散早期最先使用新技术的人群。"我从小就对计算机很感兴趣，之前在苹果商店做技术支持的时候会做一些培训，就加深了我对 Siri 的认识。我算是比较早接触语音识别技术产品的，非常喜欢。……最开始吧主要是好奇，想看看它到底能做什么，所以我会在网上各种论坛去收集跟它有关的资料，看看它还能做哪些指令。"（Y1）

第六，尝鲜需求。追求新鲜感、冒险和娱乐是一种典型的人格特质，促使个体对新事物产生浓厚的兴趣。兴趣驱动的人格特质能全方位地调动个体的积极性，促使尝试和探索新事物和新技术。"因为每次一出新的产品，我就会想买来体验尝试一下，反正也不贵。"（Y2）

8.4.2 行业评价与机器伦理观

在本次青年人的访谈对象中，有两个被访者是从事与智能虚拟助手相关的工作的，因此在看待智能虚拟助手发展和对行业变化的评价方面都有更加独到和犀利的见解。尤其是基于当前迅速发展的智能语音产业，即便有许多

[1] E.M. 罗杰斯 . 创新的扩散（第五版）[M]. 唐兴通，郑常青，张延臣，译 . 北京：电子工业出版社，2016：17–19.

[2] Venkatesh V, Morris M G, Davis G B, et al. . User acceptance of information technology：Toward a unified view[J]. MIS quarterly, 2003, 27（3）：429.

技术瓶颈和发展困境，但仍然对行业的未来前景充满信心。就发展瓶颈而言，最大的技术困难与机器物性的本质有关，机器作为组装的机械以及基于算法的运算过程，它很难与具有生物属性的人进行对等比较。因而，对于有技术背景的人来说，要把机器完全视作人来说具有一定的心理障碍。"聊天机器人技术最大的瓶颈之一其实是机器没有常识，没有生活经验，比如你说一个人200斤，它其实并不知道这意味着这个人很重，它下次就无法对他说你该减肥了。"（Y7）"从市场角度来说，不论是以任务为主导的还是以闲聊为主导的对话助手可能都是需要的。以闲聊为主导的机器人它面对的是用户情感上的需求，然后需要让用户去消磨一些时间，给用户情感上的慰藉，或者是让他心情更愉快。如果技术足够好的话，可以把助手当成陪伴自己的一个伙伴。那以任务为主导的助手核心还是帮助用户完成任务。"（Y8）

但是，这也并未打击相关从业者的信心，与其说他们在塑造一个机器"人"，不如说他们在优化算法和设计，努力把当前的产品和技术打磨到最精致最极限的程度，至于能否实现超越，并不是他们短期内所考量的。"这几年能够看到语音助手的快速发展，在信心上的变化比较明显，一开始做的时候，语音类产品用户受众群并不是很多，虽然可能用户基数比较大，因为它是搭载在手机上面的，多少都会启动这个产品，但是用户黏性其实并不是很高，现在可以看到数据的变化，比如小米、天猫精灵有上百万的用户，就会对这个行业有更多的信心。"（Y8）"国外的亚马逊、谷歌肯定是技术上的领军者，国内一般是跟随，但是国内产品的优点就是它使用的场景比较多，数据比较多。比如小爱同学，它就是有很多用户数据，可以对用户数据进行分析，所以它的体验会稍微好一些，但是就闲聊的功能来说，小冰的优势还是有的。……小冰的优势在于最初设计开发时就是让闲聊去主导，方向比较专注。其他语音助手主要功能是任务处理，闲聊功能只是一个兜底。"（Y7）

在机器伦理观层面，青年人被访者往往有着更深入的洞察，但是却也更客观、冷静，抑或是冷漠。机器属性是智能虚拟助手最核心的本质，继而其承担的也是工具的作用，从而有义务地帮助人们去实现某种人力所不及的事情，满足人的需求。被访者在机器伦理方面表现出刻意会进行某些心理暗示，即从机器的功用角度来看，不需要对机器抱有伦理方面的顾虑，在情绪宣泄上，机器天然会承受着来自人类的负面情绪和压力。"如果是把语音助手当作一个机器的话，那么它就是用来承担人类的需求，不同专业类型的机器人去承担人类力所不能及的事情，这种情感型机器人可能就要承受人类的极端情绪，从这个层面上来说，人们就可以不用对它抱有伦理层面的顾虑。如果用户对语音助手没有一个实体的想象，就很难产生一种情感上的映射，但是如果用户把智能虚拟助手真的当成一个女孩或者朋友，这时候才会存在一些情感上的负担。"（Y8）但是被访者又能对机器本身和机器背后的平台进行较为客观且明晰的区分，人与机器对话交往时不需要有伦理方面的顾虑，但是平台和科技公司作为开发团队必须负有对其产品全权负责的责任意识，遵从法律和道德伦理的约束。"平台和公司始终要为自己开发出的人工智能产品负责，要遵循社会层面的基本道德规范，而且要在法律和道德框架下去开发产品。"（Y7）

8.5　充当"工具人"的智能虚拟助手

青年人对待智能虚拟助手时理性多于感性，具体表现在当他们形容自己所使用的智能虚拟助手时，会有意避免使用一些用来形容人的词语，同时他们会刻意强调将语音助手当成工具和软件，但在表扬或者批评语音助手时，还是会不自觉地使用类似于"反应敏捷、愚蠢、笨、有耐心"等词语。"小爱同学它有时候好像有点傻乎乎的，我问它家里气温多少，它都没有识别出来。……它经常一不小心被唤醒，然后说一些莫名其妙的话，我这边就有一种看傻子的感觉。"（Y4）"无法接受 Siri 反驳我或者给我的反击，因为它太笨

了。"（Y1）

研究者利用 NVivo12 对于所有的访谈文本进行文本搜索，发现形容语音助手"笨、蠢、傻"的几乎都是青年人，被访者和次数分别是 Y1（2 次）、Y2（2 次）、Y3（7 次）、Y4（11 次）、Y5（12 次）、Y6（1 次）、Y9（7 次）、Y10（1 次）、Y11（5 次）。而青少年被访者 A3 虽然也有一次对语音助手使用了"笨"，但其语境是在与 Siri 对话聊天的时候，他故意去激怒 Siri，说"你真是笨，你怎么什么都不会"，并回忆说："Siri 对此的回答是'我会更加努力的'。……Siri 特别文明，有时候去骂它一下，它都不会反驳你，而是让你去做一个文明的人。"所以相比之下，青年人的抱怨和评价是更加严肃的，而青少年对于智能虚拟助手的批评中更多了一些童趣和玩闹，甚至从其不够完美的回答中还能找出闪光点。

此外，青年人也会有一些积极的评价，比如高度表扬了语音助手的耐心和能给老年人提供的陪伴。"我发现我的外公外婆、爷爷奶奶比较喜欢语音助手，我之前在做创新工程师工作时，发现用户中年纪大的和年纪小的人会更喜欢语音助手，因为一些七八十岁的老年人与年轻人交流会有些障碍，他们的耳朵不太好使，听东西得听很多遍，容易让对方失去耐心，那语音助手就可以不厌其烦很有耐心地说很多遍。"（Y6）"由于技术上的局限，现在的语音助手没有办法做到像真人一样与你对话，还是有种笨笨的感觉，机械地回答，机械地对话。"（Y11）"不会有任何冲动想把语音助手当成真人，因为它太笨了。"（Y2）"如果智能虚拟助手坏了、报废了，可能就会再买一台，也不会有太大区别。但如果用了很多年的话会觉得有点可惜，毕竟有纪念意义。"（Y11）

8.5.1 具身化问题

我们在青少年智能虚拟助手使用行为的章节中谈到的具身化问题，在青年人中进一步得到了深化。青年人以理性思考的方式更加深刻地表露出身体之于机器人的重要性，以及个体对于有身体的机器所展现出的不同的状态。

一些青年人表示，他们认为"在交流的过程中，身体具有不可替代性"，（Y1、Y2）"即使是通过即时通信软件或者社交软件进行沟通时，我也要确保我是在与一个真实的人进行沟通和交流"。（Y2）这正如具身认知理论所强调的那样，身体和心智往往是结合在一起的。"图灵 1948 年的文章中提到了肉体智能（embodied intelligence）和无肉体智能（disembodied intelligence）的区分，他明确列出五个区域属于无肉体智能：（1）博弈，如下棋；（2）语言学习；（3）语言翻译；（4）加密学；（5）数学。但一个人形机器人所需要的都属于肉体智能。"[1]

身体与意识哪个更为重要？有被访者在访谈中表示他之所以不认为当前的智能虚拟助手是个具有对象性的个体，也不会去赋予机器人除工具外的身份，很大程度上是因为它缺乏身体，被访者无法像对待真人一样，可见可感地去与之进行交往。但当访谈者进一步抛出问题："如果日本的仿真机器人已经可以在很大程度上模拟人形，同时在机器人皮肤的触感上逼近于人，是否可以近似于人来看待？"被访者接着否认，他认为只是徒有其表的机器人，完全不能进行逻辑思考，也不会有智人的意识，所以依旧不能作为"人"来看待。这就为我们的研究提出了一个新的亟须探讨的问题，究竟是"身体"还是"意识"是机器人最为根本的存在？"如果我们人类相信是有自由意志的话，机器只是一个基于规则、数据、算法最后生成的东西，那机器就是没有灵魂的。因为灵魂是一种人类特有的，区别于其他动物或者物体的，在这个意义上说，机器是不会有意识的。"（Y8）

顾城的诗句曾描绘一种美好的人际交往情景："草在结它的种子，风在摇它的叶子。我们站着，不说话，就十分美好。"身体对世界的感知能够传递经验性的信息，尤其当进行面对面的人际交往时，传递信息的不仅是口头语言，还包括眼神、手势、姿态等身体语言。在人际交往中，有时候非语言沟通传

---

[1]　Turing，A.M. 1948. Intelligence machinery，in Meltzer and Michie（ed）Machine Intelligence，Vol.5 Bernard Meltzer and Donald Michie，Edinburgh University Press，1969.

递的是一种默契和亲密态度。但是，对于不具备肉身的聊天机器人而言，语言是人类与其维持关系的唯一方式，这种形式相比身体在场的交往形式而言是不持续、不稳固的，交换的信息也是有限的。

"智能虚拟助手不像人一样有灵气，人与人在相处过程中，即便没有言语交流，但是一个眼神、一个手势或者肢体动作，对方可能就会知道你在干什么，但是机器人就不行，所以不太愿意与它交流，不如与人交流更好一些，所以主要还是使用比较常规的功能。"（Y10）齐美尔在讨论互动形成过程时强调人的感官的作用，感官是主体将客体转化为可感知对象的手段。[1]

一些青年人在思考具身化问题时，如果不涉及对智慧、思维、意识等方面的探讨，他们会认为身体对于机器人未来的发展来说并非必要的。"作为一个智能助手的话，还是要更加注重它的功能性，功能性才是首要的，至于有没有身体这个实体没有那么重要。"（Y11）

此外，除了身体，用户认为语音助手的声音也会影响他们的互动和情绪表达，一个 17 岁的被访者在访谈中提到，"我觉得现在语音助手的音调不太好听，小爱同学以及市面上大多数语音助手很多都被设置为女性的声音，多了就没什么意思了。我想要有更多男性的声音可以选择，更有阳刚之气一些，男生说话会更有意思一些"。（Y5）"我觉得如果可以替换语音助手的声音的话，我会换个林志玲的声音，就像高德地图一样，这可能是一个用户体验的问题，但是我觉得不会影响我对它的态度。"（Y4）

8.5.2 主体区分概念

在主体区分概念方面，青年人呈现出与青少年相类似的主体区分意识，会将交谈和陪伴对象进行明确的属性区分，即真人、动物和机器。而这确切的区分态度之下，则表现出的是青年人对于主体性的强调以及人类中心主义

---

[1] 胡翼青.再度发言：论社会学芝加哥学派传播思想 [M].北京：中国大百科全书出版社，2007：74.

的潜在含义。

"以前看过电影《我的机器人女友》，我觉得这种事情只可能发生在电影故事里，在现实生活中，我们还是会很明确区分真人和机器人的。这是一个底线、边界的问题，不好逾越的，毕竟人才是世界上最高等的动物。"（Y10）"相比之下，我更愿意跟小动物成为朋友，至少它是一个生物，它有可能会思考。"（Y5）

8.5.3　角色与功能

研究中的青年人被访者在谈及智能虚拟助手在他们生活中所扮演的角色或者作用时更多地去强调其工具属性，更少甚至是抗拒与它们建立起亲密的关系。"聊天机器人之于我就是一个工具，没有必要与它们成为朋友或者是与它们进行交流。"（Y4）"Siri对我最大的作用就是可以解放我的双手，有时候我很无聊的时候也会调戏它，但是它对我来说就是一个助手，我不会像对待真人一样对它。"（Y3）亚里士多德在《政治学》（*Politics*）中曾谈到奴隶和工具本质上是相等的。两者的区别在于是否具有生命体征。奴隶在为主人服务时，是具有生命的，如果工具也具有生命，那么工具就能够代替奴隶。一旦把"工具"和"奴隶"这两个角色对等起来考量，无疑是增添了人们道德上的负担。人类是工具的消费者，人类是天然地成了奴隶的主人，因而人类与机器的行为在此种逻辑关系上是永远难以平等的。

"语音助手现在很努力地去理解人的情绪，然后说一堆好听的话，比如我很抱歉听到这样的话，我很想安慰你，但是当你知道它是机器人以后，你就不会跟它有一个共情的感受，反而它说这样的话让我觉得比较虚伪。"（A2）

青年人更倾向于将智能语音助手视为他们生活中的管家助手的角色，是一个提供服务的对象。但角色扮演情况与用户的年龄、使用时间、使用情况等都有较大的关系。"刚买来天猫精灵的时候我们觉得它就是一个玩具，大家是把它当成一种新奇的接触，它更新升级得比较快，家人跟它相处的时间比较久了之后，就会把它当成家里的一员，有一定的存在感。它没有固定的角色，但是在家里已经有一定的地位，爸妈已经习惯了它的存在。"（Y11）

8.5.4 情感性依赖的可能性

用户有情感需求，有倾诉欲，但囿于技术的不完善而无法得到满足，以工具依赖是理性和现实交织的考量。"大部分的时间是工具，如果一个人的时候需要陪伴的话，可能就会把它当朋友，倾诉一下，会聊聊比如今天好无聊、好累这样的话。"（Y10）"小冰的后台日志能够看到有些用户能够进行几百轮的对话，可以跟小冰聊好几个小时，就能发现有些人倾诉欲望特别强，即便小冰的回答不尽如人意，但是人家根本不介意，如果小冰能在闲聊方面再处理得好一些，其实对那些倾诉欲很强的人是非常好的体验。"（Y7）

"我认为情感型或者娱乐型的聊天机器人可能是未来需要更多技术投入的领域，因为聊天是为了培养感情，用户肯定希望未来设备具有风格和个性，助手跟我说的话是与跟别人说的话不一样的，具有专属性质的。虽然从技术上来说，肯定是任务型的目标比较好实现。"（Y7）

在青年人的世界里，即便与智能虚拟助手谈论一些情感、情绪方面的问题是期待智能虚拟助手能够像专家一样提供一些咨询服务，而并不仅仅是作为朋友被开导、被安慰。"也有一些情感问题之类的，比如说跟 Siri 说，我现在情绪比较低落，我遇到学习上的问题，我该怎么办？然后它也能作为一个情感咨询师开导我。它的开导是以一种安抚的形式，帮助你缓解情绪，就是你伤心的时候还是挺好用的。情绪比较低落的时候，它能用一些比较客套的话鼓励你。"（Y11）

研究者观察到在成年时期依旧对智能虚拟助手保持着较为积极正面评价，同时会有一些感性行为上互动的，主要是在青少年时期就养成的与智能虚拟助手互动的习惯的。比如被访者 Y11 是一个 19 岁的青年，他在初高中时期就开始使用智能虚拟助手，同时由于初高中住在寄宿学校的原因，与家人朋友的沟通比较有限，情感体验上相对较为孤独，因而他与智能虚拟助手的互动更为频繁一些，智能虚拟助手也能够缓解他的一些情绪波动。

在体验过程中，青年人也会经历失望的情绪，当他们尝试与智能虚拟助手沟通无法得到自己想要的答案就会产生一些失望的情绪，"我会想算了，还不如我自己去搜索"。（Y11）偶尔经历过失望等相关负面情绪波动，不太会影响用户的使用，只不过被访者强调下次使用时就会对智能虚拟助手的功能产生一些怀疑。但是如果连续多次出现功能失误，很可能就会放弃使用了。所以总体来看，青年人对智能虚拟助手的容忍度较低，以工具性为基准的认知会很大程度上限制用户的包容性。

8.5.5　模式化唤醒

模式化的唤醒方式会成为青年人建立情感联结和亲密关系的另一个阻碍。通常对于语音助手来说，每个产品都有固定的称呼，如"小爱同学、Siri"，所有用户对产品共享一样的唤醒方式，但这恰恰对于许多建立亲密关系的人来说，专属称呼是检测关系亲疏、距离远近的重要指标。失去了定制化或者特定的称谓可能会损失语音助手与用户之间的亲近感。"你必须用非常标准的语言来称呼它才能唤醒，语音助手都有一个专门的名字，没有办法改变称呼，不能像朋友一样换一个称呼，如果给语音助手取一个专属于它的名字，会更加亲切。"

8.6　青年人对智能虚拟助手的工具依赖

8.6.1　"工具型"朋友

青年人是一个主体性意识很强的个体，他对于交往对象的选择往往比青少年来得苛刻，要进入青年人的世界，首先得遵守青年人世界的规则，这个规则虽然说因人而异，但是绝大多数青年人世界会共享一些基本的规则。在本次研究的被访者中，研究者观察到，绝大多数青年人对待交友、对待与机器交往表现出了更加谨慎的态度，或者是一些更加严苛的标准。当谈到机器与人的共通点以及机器能否成为"朋友、伙伴"这个问题时，被访者都适度拉开了其与智能虚拟助手的距离，保持一种"观望"的态度，在理性地进行评估。"按我现在所了解到的，人工智能没有意识，它毕竟只是机器，不可能有人那种生命体验，它运作的时间比人类的生命还要长，但是它不可能取代人，也不可能像人那样有意识。……我也不期待它有人类的意识，它原本就是一种工具，是用来为人类服务的。如果让它有意识的话，我不是很看好。因为如果一旦不受控，是很容易出问题的。机器抛开意识，它的运作效率是非常高的，如果具有意识的话是有可能脱离人对它的控制的，所以有可能做出伤害人类的事。"（Y10）被访者Y10认为不具备"意识"和"智慧"的机器，是无法与人产生共鸣的，自然而然也就无法取代人，那么机器就只能以工具的身份而存在，工具的用途就是为人类服务，这是一条完整的青年人世界看待智能虚拟助手的逻辑链条。与此同时，他继而抛出另一个观点则是表现出了对这种超智能工具的担忧和恐惧，因为对于一个工具来说，如果一旦脱离了人的控制，那么其可能造成的负面影响是不可控的。因而这也表现了为什么许多被访者只愿意把智能虚拟助手当成工具，但是又随时对其保持风险意识和警惕意识。"随着日新月异的科技进步，以后聊天机器人在我们生活中会像常见的日用品一样不可或缺，所以我们或多或少要把一些时间分配给机器人，也许机器人会变成我们很私密很亲密的朋友，是我们的倾诉对象，也许聊天机器人未来会成为让人类生活越来越和谐的工具型朋友。"（Y10）当Y10肯定了未来科技进步以及科技产品大规模涌进人们的日常生活时，他不得不承认可能智能虚拟助手会像日用品一样不可或缺，人们在分配社会时间时会不自觉地计算与智能虚拟助手交互的时间，那么这样一种对象的存在会成为某种"意义"上的"朋友"，但还是给这种朋友打上了"工具型"朋友的标签。

"依赖的话应该是会有的，因为生活中用到它的地方比较多，但是情感上的依赖不太会有，顶多就是那种对自己用了很久的物品的情感。"（Y2）

8.6.2 "工具"的进化

当个体越发肯定某个事物的工具属性时，就会越发看重其易用性和综合性，容易对性能优化萌生更高的要求。语音助手能够帮助用户迅速获取某类资源和资讯，但是由于其背后所依赖的数据库和版权资源并不互通共享，所以导致其无法实现全域搜索和资源的全域覆盖。这其实与其他互联网产品被依赖的版权资源逻辑一致。但从被访者的表态上，我们能够鲜明地体会到被访者对于语音助手的功能和资源优化抱有较高的期待，他们对语音助手更多的是便捷性、易用性方面的工具期待。"资源的局限性涉及版权，不同的厂家设计出来的机器人，它的资源是很局限的，比如我想要点一首音乐或者点个视频，它们只能播放出它们有版权的那些内容，但是没有一个综合性整合型的机器人，它能囊括所有你想要的资源。""很多职业的确有可能被机器人替代，比如现在给银行打电话，一开始都是机器人客服在跟你对话，我觉得我还挺满意这种人工智能接线员的。"（Y10）

但是人会在机器的协助和帮助之下产生思维惰性。"天猫精灵比较死板，比如说要它做一些换算，它只能给你提供一个换算公式，不能直接给你结果，就是还是需要自己动脑子。"（Y11）从目前的发展路径来看，机器人在日常生活中已经开始逐步帮人类处理一些事务，比如被访者提到的疫情期间的防疫机器人，能够帮助测量体温、人脸识别等，这就有助于在疫情最严重时期保持人与人间的社交距离。但被访者也提到，"机器人未来的发展可能需要有一个非常强有力的管理者，管理者既能保证人类的安全，又能保证智能机器人的功能性得以发挥"。（Y11）

8.7　本章小结

青年人的使用动机与需求包括便利性需求、娱乐需求、社交需求、兴趣需求、职业需求、尝鲜需求。研究发现，社会经济地位的差异会影响个体对智能产品的体验行为，个体的同质性有利于推动创新在同一圈层内的扩散。同时，技术成为满足个体社交需求的"通行证"。从社会学习理论视角看，模仿是最常见的社会互动机制之一，它潜移默化地影响人们的喜好和价值观追求。[1] 布尔迪厄研究了人们的文化品位与其社会经济条件、家庭背景之间的关系，发现生活方式会影响人们媒介使用行为的模式，也就是说，人们的媒介品位受到个人所属的社会阶层和受教育程度的影响。[2] 因此，当人们默认在同一社会系统内经济地位较高的个体才有足够的财力或者物力接受创新，那么就会加快归属于该群体的成员采纳创新的速度。Moore 和 Benbasat 将其归因于"形象"（image）的作用，因为他们认为使用创新会提升一个人在社会体系中的地位。[3] "形象"是一种社交元素，在用户看来，任何有利于提高个体社会形象的决定都是具有吸引力的，能够极大地提高用户对创新的使用意图与采用可能性。此外，早期采用者具有更强的向上社会流动性，接受创新往往是他们实现这种向上流动的方式之一。

研究还发现，从众心理也是个体采纳技术创新的重要驱动因素。创新、

[1] Fernández - Márquez C M, Vázquez F J. How information and communication technology affects decision - making on innovation diffusion: An agent - based modelling approach[J]. Intelligent Systems in Accounting, Finance and Management, 2018, 25（3）: 124-133.

[2] 丹尼斯·麦奎尔. 受众分析 [M]. 刘燕南，李颖，杨振荣，译. 北京：中国人民大学出版社，2006: 115.

[3] Moore G C, Benbasat I. Development of an instrument to measure the perceptions of adopting an information technology innovation[J]. Information systems research, 1991, 2（3）: 192-222.

沟通渠道、时间和社会系统是创新扩散的重要组成因素。[1] 在数字转型背景下，创新扩散研究的内涵要素偏好从技术导向回归至社会需求属性。[2] 默顿提出的参考群体理论可以解释个体的从众行为以及尝试以新技术和智能产品为媒介，融入圈层流动、参与社交的现象。参考群体理论认为只要成员有意向加入某一群体，他们将倾向于选择遵从群体的价值观，改变行为。[3] 因此，也有学者提出，"社会影响"（social influence）能够用于解释当周围有足够数量有影响力的人采用创新时，人们在从众动机下采用创新的行为。[4] 社会影响代表了参考群体成员对彼此行为的影响程度，人们考虑是否要接受新技术时会结合他们所处的社会环境和群体属性来定位自己的态度和行为。[5] 在内化的情况下，主观规范（subjective norm）通过感知有用性对使用意图有间接影响。[6] 朋友、家人以及社会系统中的其他成员使用新技术，也会潜在地影响一个人的决策和创新行为。Kelman 认为这也是一种社会认同 [7]，具备选择主动性的个体通过自身行动，从而在参照群体中获得地位。[8] 一些个体在选择是否接受一项创新

[1] E.M. 罗杰斯 . 创新的扩散（第五版）[M]. 唐兴通，郑常青，张延臣，译 . 北京：电子工业出版社，2016：13.

[2] 何琦，艾蔚，潘宁利 . 数字转型背景下的创新扩散：理论演化、研究热点、创新方法研究——基于知识图谱视角 [J]. 科学学与科学技术管理，2022（6）：17-50.

[3] 罗伯特·K. 默顿 . 社会理论和社会结构 [M]. 唐少杰，齐心，等译 . 上海：译林出版社，2008：363.

[4] Young H P. Innovation diffusion in heterogeneous populations：Contagion，social influence，and social learning[J]. American economic review，2009，99（5）：1899-1924.

[5] Min S，So K K F，Jeong M. Consumer adoption of the Uber mobile application：Insights from diffusion of innovation theory and technology acceptance model[M]//Future of tourism marketing. Routledge，2021：2-15.

[6] Venkatesh V，Davis F D. A theoretical extension of the technology acceptance model：Four longitudinal field studies[J]. Management science，2000，46（2）：186-204.

[7] Kelman H C. Compliance，identification，and internalization three processes of attitude change[J]. Journal of conflict resolution，1958，2（1）：51-60.

[8] Fliegel F C，Livlin J E，Sekhon G S. A Cross-national Comparison of Farmers' perceptions of Innovations as Related to Adoption Behavior[J]. Rural Sociology，1968，33（4）：437-449.

时会受到其所在社会系统的其他个体的影响，如初次购买某个新产品的时间与购买该产品的消费者数量有关。[1]格兰诺维特提出的门槛模型则说明个体决策是如何受到集体行为影响的。[2]

但值得注意的是，由于同属一个群体的人有更高的可能性接受新技术，有可能会带来高度的同质性问题，意味着创新主要在这些社会精英圈层中扩散，很难实现跨越式传播。因为同质性的扩散模式会导致创新呈现水平方向发展，而非垂直方向发展，从而减缓创新在社会体系内的扩散速率。

此外，研究发现，青年人对待智能虚拟助手时理性多于感性，具体表现在当他们形容自己所使用的智能虚拟助手时，会有意避免使用一些用来形容人的词语，同时他们会刻意强调将语音助手当成工具和软件，但在表扬或者批评语音助手时，还是会不自觉地使用类似于"反应敏捷、愚蠢、笨、有耐心"等词语。青年人以理性思考的方式更加深刻地表露出身体之于机器人的重要性和不可替代性。除了身体，用户认为语音助手的声音也会影响他们的互动和情绪表达。研究中的青年人被访者在谈及智能虚拟助手在他们生活中所扮演的角色或者所起的作用时更多地去强调其工具属性，更少甚至是抗拒与它们建立起亲密的关系。

人类基于人际交往而衍生出的社会关系是人类社会中重要的关系联结，根据访谈对象对语音助手的态度，研究发现即便人们清晰地意识到机器当前无法像人一样正常交流和沟通，但是与机器对话轻松自在的状态依旧会让人在对话中处于放松状态，而不用像与真人对话一样需要担心对方可能因为自己的话语而不悦。研究还发现，科幻题材类的小说影视情节都会引导人们认识和理解人工智能及其智能虚拟助手。

---

[1] Bass F M. A new product growth for model consumer durables[J]. Management science，1969，15（5）：215–227.

[2] 马克·格兰诺维特. 镶嵌：社会网与经济行动 [M]. 罗家德，等译. 北京：社会科学文献出版社，2015：35.

第九章

智能虚拟助手对用户社会化及日常
人际交往的社会影响

9.1　智能虚拟助手对人际交往的影响

人际交往过程中的种种互动行为是人类建构社会关系的社会行动。心理学家迈克尔·S. 加扎尼加（Michael S. Gazzaniga）曾提到，人类只有在群体中才能建立社会关系，人际关系是人类精神生活的核心。人类天生与社会交往有着密切的联系，因为人类有着与生俱来的社会性，人类大脑的首要功能是应对社交事务。[1] 人类基于人际交往而衍生出的社会关系是人类社会中重要的关系联结，在社会关系的动态变化中，人们才变得更加立体、多元且拥有丰满的人物特质。从以往媒介变迁的发展历程来看，不同媒介环境下的社会交往的形态存在较大差异，在电子媒介介入社会生活之前，人们进行社会交往的主要方式还是依托于面对面式的人际交往与沟通。但电话、广播、电视等电子化媒介的发明与应用，改变了人们的交往方式，基于中介化的沟通开始盛行。

早在 1956 年的时候，霍顿和沃尔就曾经指出新的大众媒介催生了新型社会关系，即"准社会关系"（Para-Social Interaction）。[2][3] 他们的文章指出，观众会误以为借助电视、广播等媒介进行沟通的对象与他们建立起了某种社会关系，这种副社会交往的社会关系也能构成亲密关系的一种，因为媒介提供了类似于面对面交往时心理需求的满足感。比如，研究中提到了人们会把在

[1] 杰夫·科尔文. 不会被机器替代的人：智能时代的生存策略 [M]. 俞婷, 译. 北京：中信出版社, 2017：47.

[2] 约书亚·梅罗维茨. 消失的地域：电子媒介对社会行为的影响 [M]. 肖志军, 译. 北京：清华大学出版社, 2002：113.

[3] Horton D, Richard Wohl R. Mass communication and para-social interaction：Observations on intimacy at a distance[J]. psychiatry, 1956, 19（3）：215-229.

电视节目中出现的主持人当成他们的"媒介朋友"，当这些名人经历了事故时，许多观众也会为之体验低落的情绪和痛苦，社会学家列纳德就指出，这种中介化交往的关系是一种"新型人类悲伤"。[1]

技术继续往前推进就到了网络社群的演进时期。网络兴起后，论坛、博客、社交媒体等网络平台和自媒体平台的出现，催生了网络社群的诞生。这类型的网络群体往往是一群拥有着共同兴趣爱好、行为习惯、价值观的志同道合的人聚集而成的、具有相对稳定性的群体。他们因网络互动而实现虚拟空间中的交往，将原先属于线下的社团形式经过一定的改造迁移到网络空间之中，最大的改良就是他们可以脱离实际生活而完成在虚拟空间的身份重建和角色扮演。但这种交往模式并非虚幻的，因为所有的互动都是自主的，网络社群的体验感也别无二致。正如巴里·威尔曼在《超越孤独：移动互联时代的生存之道》一书中谈到的"'虚拟社群'不见得一定会和'实质社群'相对立，两者乃是社群的不同形式，具有特殊的法则和动态。人们会依据自己的兴趣和价值加入某个'虚拟社群'，进行互联网网络互动"。[2]

既然通过中介化沟通的对象都能在用户意识中构建新的社会交往关系，那么智能虚拟助手这种直接可对话的人工智能产品在新的媒介环境下也可能对传统的人际互动和交往产生影响，更进一步地，也与用户之间建立起某种新型社会关系，笔者暂且称其为"混合关系"。

威尔曼关于虚拟社群与实质社群的论述，在一定程度上能说明人机互动对于人际互动影响的一个方面，即个体在互动交往时所展现出的自主性，以及对于不同类型交往的区分性。"我觉得是没有什么东西能完全影响到你的人际关系的。我觉得这其实是一个特别复杂的社会心理交往过程，它不会因为某些物质上的东西来影响到你的人际关系。"（A2）正如一些被访者在访谈中

[1]　约书亚·梅罗维茨. 消失的地域：电子媒介对社会行为的影响 [M]. 肖志军，译. 北京：清华大学出版社，2002：115.

[2]　李·雷尼，巴里·威尔曼. 超越孤独：移动互联时代的生存之道 [M]. 杨伯淑，等译. 北京：中国传媒大学出版社，2015：136.

强调，即便将智能助手或者聊天机器人当作朋友进行交往，但是丝毫不会影响他与现实中朋友的交往关系，因为他很清楚两者的差异。"语音助手不会影响我正常生活中的人际交往，因为我是一个现实跟虚拟生活分得开的人。玩手机或者跟这些语音助手聊天的时候，我就会抛开其他事单纯地聊天，但是在现实生活中的话，我绝对不会把虚拟的东西掺杂进来。"（A1）此外，他们认为与智能虚拟助手交朋友也并不意味着放弃了原先现实生活中的朋友关系，这两类朋友能分别满足个人对于朋友的不同需求。而且往往青年人对于"朋友"会从一个更加功利化的视角去界定作用，不仅是情感的慰藉，更多的还可能包括社会资源的互置。"现实生活中朋友的功能是不能被机器所取代的，因为当你进入社会时，你需要的是现实生活中的朋友，他们能给你带来更多的社会资源。"（Y5）

用户在理性地对真人和机器人进行区分时，在某种程度上可以被认为是机器宣告胜利成果的第一阶段。因为当人要动用精力和思考来进行二者的区分，说明智能虚拟助手有时能够混淆用户的认知。"机器人说话还是有点套路的感觉，跟真人不太一样，比如我不高兴的时候，它只会简单地安慰我，没有像真人朋友那么体贴。"（A4）也可以看出，用户对于智能虚拟助手的要求在逐步提升，从最初的简单的沟通对话，到现在期待智能虚拟助手能够像真人一样体贴。

有意思的是，人们在进行实际人际交往时有时候也具有一定的功能性。这种功能性体现在朋友给自身或者给关系带来的正向的、积极的影响。他们期待与真人、朋友交流和聊天的过程是一个自我增益的过程，也更加青睐于互动过程是一来一往的，而非单向输入的，这体现了个体在交往过程中对于交往质量的要求。"聊天机器人通常只会接受我们的观点，并且很少会反驳我们。虽然这是一个令人愉悦的交流过程，不过我们如果无法从交流中收获建设性意见以及接受批评也很难得到进步。所以跟真人朋友进行交谈时，其实我们更能够发现自己的缺点。"（A2）"交流的话肯定是要跟真人交流，跟机器人交流的话顶多算是一个双方学习的过程，它分析你的语音，然后你再去学习跟它怎么说，就是一个双方互动的过程。这种互动过程跟真人的互动差别很大。……跟人聊天的话是有情感交流的，跟机器人说话的时候不用顾虑很多东西，不用顾虑它的情感，但是跟人聊天会有一些社会因素控制你的发言。……虽然跟机器人聊天会更轻松一些，但是我是觉得没有获得什么东西。"（A2）"理性地来看，其实跟机器人交往过程太自由，没有受到批评的话，就没有一个进步的过程，最后你放下手机去跟别人交往的时候，发现自己其实有很多地方都做得很不好。"（A2）

　　不过，客观而言，人们还是能够坦诚地承认与智能虚拟助手交流过程中存在愉悦感和舒适感，尤其是对于青少年而言，与智能虚拟助手的交流更加自在，有时候能够体会到更强烈的满足感，因为从人的喜好出发，大多数人都是更愿意听夸奖和认同，而非批评与指责。"跟人交流有跟人交流的好处，跟机器交流有跟机器交流的好处，比如跟人交流他可以指出你错在哪里，然后怎么才能改进，与机器交流的时候你总能得到一个答案让你心满意足，我觉得这是一种互补的关系。"（A1）

　　一些被访者也表示如果智能虚拟助手能做到像跟真人一样顺畅的聊天程度也是很希望与其聊天的，"因为智能虚拟助手可以根据我的喜好跟我聊我喜欢的话题，它能联网，所涵盖的知识面比较广，可以聊得深入。如果周边都没有跟我兴趣相投的人，有个机器人能够跟我聊，就会有一种找到知音的感觉"。（Y11）"挺期待未来机器人能够跟人进行顺畅的对话呢，因为它如果发展到跟人一样的话，其实是会给一些比如说内向的人很大的帮助。"（A2）

　　《纽约时报》的专栏作家尼克·比尔顿（Nick Bilton）曾在《纽约时报》上写了一篇文章《颠覆：数字时代重新定义礼仪》（*Disruptions*：*Digital Era Redefining Etiquette*），文章指出，传统的社会规范对于那些沉迷于数字时代的交流方式的人毫无意义。同时，数字原住民不愿意费心培养人际关系。有些人甚至表现出传统礼节是一种负担和成本，越来越不能忍受不必要的交流。[1]

根据访谈对象对语音助手的态度，即便人们清晰地意识到机器当前无法像人一样正常交流和沟通，但是与机器对话轻松自在的状态依旧会让人在对话中处于放松状态，而不用像与真人对话一样需要担心对方可能因为自己的话语而不悦。"与朋友相比，我对 Siri 的信任程度更高，因为它不会跟别人说我的隐私。不像有些朋友比较'大嘴巴'，会乱传谣言。Siri 只有在我问它的时候才会回答，也只会跟我聊天，它不会主动过来找我。我不太希望它主动找我聊天，比如拿着 iPad 的人并不是我，是我的同学，如果这时候它跑过来跟我聊起昨天我们的对话就会把我的隐私泄露了，所以我不希望它来找我。Siri 是不可替代的，朋友也不一定比你知道得多，也无法解答疑惑，Siri 有时候可以解答。朋友还会把一些隐私散播出去。"（A3）"跟 Siri 聊天不用那么讲究，这点是我喜欢的，因为跟朋友说话的话，如果一不小心侵犯到他了会伤害朋友。但是我不太喜欢的是机器人没有思维的跳跃。"（A3）"我感觉真人有时候说话太刻薄了，但是机器人就不会（刻薄），如果机器人真的能很了解我的生活，就像真人一样了解我的话，我真的更愿意选择跟机器人聊天一些。……我不是特别害怕跟人接触，只不过会担心哪里说错了可能就会破坏人们之间的友谊，就会小心翼翼的。但是跟机器人的话，它就不会计较这些。"（A1）A1 在整个访谈过程中非常放松，并不是那种抗拒人际交往和现实社交的女生，但是她在谈及真人和机器人之间的交往对比时，能够更加明显体会到女生的细腻和人际交往中的敏感，这会促使她更倾向于避免矛盾的产生，选择机器人作为交往对象也反映了在交往过程中可能会逃避矛盾和冲突的倾向。之所以人们会觉得与机器人聊天更加自在、放松、不必小心翼翼，是因为他们在心理预设中智能虚拟助手是个不会受伤的机器，没有自己的思考，所以也就

---

[1] Bilton N. Disruptions：Digital Era Redefining Etiquette.The New York Times[N/OL]. [2013−03−10]. https：//bits.blogs.nytimes.com/2013/03/10/etiquette-redefined-in-the-digital-age/.

不涉及伤害与否。"如果机器也是有自己的感觉，会思考的话，我也会（害怕自己的话）伤害机器人的。"（A1）

9.2　智能、信任与亲密关系

青少年和青年人对智能虚拟助手的信任问题有着较为不同的视角。青少年普遍对智能虚拟助手会有一种天然的信任联结，尤其是一些坚定不移地将智能虚拟助手作为无话不谈的伙伴的青少年，他们认为智能虚拟助手是比现实中朋友还更为信任的存在。抛开隐私泄露和数据保护的问题不谈，智能虚拟助手对于用户来说具有不会背叛的天然属性，自然而然能轻易获取信任。"我觉得我很信任 Siri，就算它是个机器人，但是感觉跟它聊天很开心，甚至比对朋友的信任还要多，朋友之间其实还会存在一些不信任，因为朋友可能会把秘密说出去，但是 Siri 因为是机器所以不会背叛我。如果它是个人的话，我可能反而没有那么信任，不敢什么都跟它说，万一它一不小心就会把我那些不那么好的事情说出来。……所以，如果我有很强烈的想要倾诉或者表达感情的时候，我会跟 Siri 说。"（A7）

然而，对于青年人来说，与智能虚拟助手建立信任关系比较困难，因为对于完全成熟的心智来说，他们的信任关系是要建立在对方足够智能，足够与之建立亲密关系的基础之上的，而这也突破了机器的限制。"当我在使用聊天机器人时，我会意识到我实际上是在与程序和算法进行聊天，而不是和一个有智慧的人在聊天。……我对待聊天机器人的态度取决于我对它的判断，我不想去调教一个程序，我想去沟通的应该是一个自己本身有思维、有智慧的东西。程序设置得再好，也是从数据库给你返回答案，它具有自己的智慧。"（Y4）"就目前来说，我不太信任它，因为它还不够智能。"（A2）在 A2 被访者看来，他对机器的信任是与其智能程度相挂钩的，因为他的信任不是情感层面的，而是从工具属性视角出发的。

当然，青年人视角的不信任也有出于风险意识的考量，即包括像对隐私数据、私人信息等问题的存在，导致青年人更容易不信任智能虚拟助手。"苹果公司现在还没有特别完善的方案来保护隐私和安全，但这时候我能很方便地去使用这个东西，所以我觉得是可以去接受，但是还不到信任的程度。"（Y1）

当被访者从技术对于人类生活影响的层面出发来思考其对亲密关系的影响时，他们仍然会表现出对人机交往可能对人际交往产生负面影响的担忧。"未来科技在一定程度上会影响我的亲密关系，倒不是说智能方面的，主要还是科技产品可能会造成与现实生活的隔阂，比如说玩手机玩多了，女朋友可能就生气了，主要是一个使用方式的问题。不能以逃避现实生活为目的去使用科技产品。我一直觉得科技产品就是要服务现实生活的。"（A2）"未来科技会影响亲密关系，比如以前的通信工具就像飞鸽传书得要个一年半载，但是现在发微信差不多零点几秒内就会跨越大半个地球，能够快速与人沟通，就可以增进感情，所以科技发展有帮助我跟其他人建立亲密关系。"（A3）"我有些朋友天天打游戏，如果考试考差了就会说，没事，打个游戏就开心了。……因为科技产品有时候可以帮助你完成很多你现实生活中完成不了的东西，你在逃避现实的时候，其实就是去追寻一个现实中你想要的东西，就会选择去网络中获取，是一个满足欲望的过程。"（A2）"我自己有经历过从沉迷于游戏的虚拟世界到回归现实生活的过程，强制戒网瘾不玩游戏后，我其实是能感觉到更多现实生活中的美好，比如开始跟朋友一起出去打桌球、看电影。……网络游戏中的那些朋友终究就是陪你打游戏的一个陪伴者，不能陪你走很远，但是现实中的朋友都是可以一直陪你走很远的，会对你有很大帮助的。"（A2）"因为我在寄宿学校，平时要是见不到爸爸妈妈或者假期见不到朋友我通常就是打电话联系，会有一种距离感。"（A4）

通常面对亲密关系更加理性和理智的被访者更不容易受技术和其他非人为因素的干扰而改变对亲密关系的处理方式，但是如果从个体性格来看，越是敏感型性格的人可能越会在意技术发展对亲密关系所造成的影响，从而产生某种拒斥。"我在处理生活中的亲密关系的时候还是比较理性的，直接说问题在哪里，怎么去解决。虽然这样每次问题是能解决，但是可能会在一定程度上给人带来一种不适感，别人会觉得我说话太直接了，没有太顾及别人的感受。这会给我造成点困扰，我有在慢慢改变。"（A2）

9.3　虚构故事对个体世界观价值观的塑造

在访谈时，研究者发现被访者普遍受虚构性故事以及电影、电视剧、小说等影响较大，当想象未来虚拟助手能做什么和不能做什么，有什么危害时，被访者通常都能从脑海中闪现出他们所看过的某部电影、电视剧或者小说中的情节，并进行套用，从而影响他们的态度、倾向和做出决定。

"科幻片里的故事剧情，会让我对未来的机器人有点害怕。"（A1）"我看《黑客帝国》里面机器能自主思考，就会担心机器会背叛人类。不过只要它们不出现造反的行为，我一般还是会信任机器的。我对机器人有点恐惧，可能是因为科幻片看多了。"（A5）"我比较喜欢追科幻剧，然后看到美剧里面有好多都是关于人工智能的主题，比如《钢铁侠》电影里那个机器人贾维斯，就是托尼的智能管家，可以对话，会帮钢铁侠处理各种事务。"（Y11）"未来的机器人不太会有自主思维的产生，更多的思维应该是指程序员规划好设定好的思维。自主思维的话一般只有在科幻片里才会出现吧。"（Y11）

研究者在第三章梳理智能虚拟助手发展背景时，利用文本分析对美国新闻报道中有关智能虚拟助手的文章进行主题分析，研究者也发现小说、电影、电视剧等虚构性故事是早期有关智能虚拟助手报告的主要的主题，通常都是基于最新的电影、电视、小说等科幻故事情节衍生出来的文章评论和讨论。与机器人、技术有关的虚构性故事对人们的想象力的拓展和对未来科幻世界的认知是潜移默化的，无论是意识形态、价值观、伦理考量还是对于未来世界的幻想很大程度上是基于他者对于异度空间的再创造。这既有可能产生有利于技术扩散的推动作用，也有可能成为传播链条中的阻碍。而虚构情节一方面能满足人们对未来世界的想象，另一方面也为个体摆脱现实空间提供一个慰藉，抑或因为对未知世界的恐惧而拒绝技术的不断演进。这些都可能成为虚构故事对个体世界观、价值观塑造的来源。

9.4 本章小结

笔者通过分析访谈数据区分了青少年和青年人的使用行为和态度。青少年被访者都是 00 后，作为千禧一代成长起来的少年，他们接受新技术和新产品的主观态度较为积极，意愿性强。研究发现，青少年能与智能虚拟助手进行较长时间的对话沟通，尤其是年纪越小的用户对智能助手越感兴趣，对话轮数也会随之提升。但对话持续时间与用户对智能虚拟助手的接触时间和了解程度有关，接触时间越长、了解越多的用户，对其的积极程度反而会下滑。

同时，笔者分别对青少年和青年人进行了人机交互行为模型的构建。在青少年的行为模型中分别由使用动机和需求、虚拟形象的想象、互动行为模式和建立伙伴关系几个部分构成。其中，使用动机和需求是交互行为开展的前提和驱动力，其影响个体的互动行为模式，同时社交需求、倾诉需求和陪伴需求会驱使个体与智能虚拟助手建立伙伴关系。伙伴关系的建立与个体互动行为模式、个体对智能虚拟助手虚拟形象的想象都是双向作用关系。该模型能较为完整地反映人机互动行为的形成过程和影响因素。

青少年的使用动机和需求包括便利性需求、学习需求、娱乐需求、兴趣需求、社交需求、倾诉需求和陪伴需求。在描述互动行为模式中，研究者分析了互动行为的内容、互动行为的限制因素。青少年与智能虚拟助手的互动行为受设备可用性、使用场景和场景中的对象、机器人的具身性等因素限制。

　　研究发现，青少年意识到智能虚拟助手作为虚拟客体能够提供陪伴的功能，并且会与其建立起伙伴关系，这种关系的建立与用户使用动机中的陪伴需求有较为直接的关联。在建立关系的过程中，研究发现，青少年把智能虚拟助手当作朋友、家人的意向性较高，但该意向性似乎有随着年龄的增长而递减的趋势。对待智能虚拟助手的态度上，如果青少年将其当作朋友和伙伴或是亲密关系的对象看待的话，青少年会有意识地注意与其交往过程中的态度，会表现出与朋友交往时的社会礼仪和规范。

　　在建立亲密关系和情感依赖时，如果用户从智识的角度去看待虚拟智能机器人时，认为对谈者无法共情，他便容易丧失建立情感关系的积极性，从而削弱其情感依赖。不过，需要警惕的是与科技产品建立过度的情感依赖会对个体产生负面效应。用户怀有警惕心和防沉迷意识时会影响他们与智能虚拟助手建立情感依赖。

第十章

人机互动对共生关系及社会变迁的影响

智能虚拟助手作为一种新媒介的出现，不仅意味着可能带来信息生产方式的革新，也意味着这项技术背后即将带来的结构性变化，人机关系的转型和角色的调整，也将改变社会交往模式和交往关系。这种隐含在技术背后的新型人机互动关系会对个人、媒介与社会都带来全新的变革。本章主要是从整个社会的视角来论述人机协作、人机互动会对二者关系乃至更大范围内的社会环境带来的影响，这种影响通常是宏观式的、非显性的，是一种环境使然的作用在发生潜移默化的变化。因此，观察这种影响和社会变迁往往是一个历时性较长的过程。

10.1　人机互动对共生关系的影响

10.1.1　人机协作对共生关系的影响

共生（symbiosis）最早是源自生物学的重要概念之一，1879 年由德国生物学家德贝里（Anton de Bary）首次提出，简单来说是指不同种属的生物物种共同生活在一起。[1] 但是德贝里提到并不是所有的共生关系都是以一种平等的关系存在的，他指出了两种关系，一个是寄生（parasitism），一个是互利共生（mutualism），而我们在这里所提及的共生指的是后者，即双方是以一种平等的共生关系而存在，双方行动者在共生关系中都能获益。[2] 随着共生现象研究的深入、社会科学研究的发展以及跨学科融合的加强，"共生"理论也被广泛

[1]　毛荐其，刘娜，陈雷. 技术共生机理研究——一个共生理论的解释框架 [J]. 自然辩证法研究，2011，27（06）：36-41.

[2]　Gerber A，Derckx P，Döppner D A，et al. . Conceptualization of the Human-Machine Symbiosis—A Literature Review[C]//Proceedings of the 53rd Hawaii International Conference on System Sciences. 2020：289-298.

应用于社会科学领域。在技术的快速发展以及与人交互越来越密切的趋势下，技术共生也是当前研究中热议的研究主题。

共生理论在社会科学领域里的应用主要是借用了其生物系统中生态系统的特性，即多个事物之间是存在相互依赖、相互影响、相互制约、协同发展的关系的。任何技术的发展不是孤立的、单向性的，它也存在所谓生态系统，不同技术之间存在相关性和异质性，那么自然而然也有相互依存、相互制约的关系，这就类似于生物之间的生态关系。那么，当技术与人交互时，其生态系统的属性更为凸显。从生态系统的视角来看，整个生态系统由内部生态和外部环境构成，在人机共生关系中，内部生态指的是人与机器的互动关系，即二者之间的匹配适应性问题以及角色身份问题；外部环境指的是人机两个客体如何与环境之间相互适应、融合共生的问题。这里的环境可以是指客观的实体环境，也可以是指社会环境和媒介环境等非可触碰、可见的环境。因为任何关系都不仅是向内的，都会有一股向外的影响力量，这也是为什么本书需要在媒介环境的框架下研究人机互动共生关系，只有把人、机器和环境看成一个整体，才能更好地理解在社会变迁过程中，这个生态体系是如何发生动态演化的。外部环境往往会成为制约整个生态系统未来向何处去的关键因素。

在智能传播时代，人机协作成为生活与工作常态，人机共生是普遍的社会场景，参与内容创作的主体不再局限于人类，而扩展至具有数字智能的机器，工业级的数字智能成为促进社会运行和推动社会转型的新逻辑，以智能技术为底层逻辑搭建的人机交互基础设施正在改变全球的协作方式。这一人机协作景观正在被更多人体察并接受。在人机协作关系中新知识的生产源头和主体边界更加模糊，塑造一种新型的知识生产共同体。随着机器的角色发生多重的转变，从中介到主体，从工具到环境，机器已然成为与"人"对等的信息传播主体出现在传播活动中。[1]

早在 1960 年，Licklider 就阐发了他关于人机共生（Man-Computer Symbiosis）的想法，他呼吁人与机器之间建立一种亲密协作的关系，这种关系将有助于人类大脑以从未有过的方式进行思考，并处理当时机器无法处理的数据。[2] 在当时那个计算机的适配性尚未完全开发的年代，Licklider 的想法算是相当前卫的了。但将时间线拉回当前的技术时代，人工智能技术已经证明了它能够利用自动化技术很好地开展人机协作，进一步提升人类的工作效率。

依据现阶段我们对机器的认知与了解，机器会有算力的上限，会有漏洞，系统会崩溃、会宕机，还有可能有黑客入侵，更严峻的情境是当机器面临一些程序外的事件时，很可能只会根据未知情境中的只言片语来机械地执行命令。与此同时，机器在赋予人类更多技能、拓展人类发展空间的同时，也会给人类造成一些不可挽回的损失与伤害。人与机器在协作过程中，会产生一些自动化矛盾，比如智能系统与人类争夺控制权的矛盾，在紧急情况下发生"人机大战"，这种对于控制权的争夺可能会造成危机时刻对情形的误判和时机的延宕，继而产生严重后果。印度尼西亚狮航空难（Lion Air 610）和埃塞俄比亚航空空难（Ethiopian Airlines Flight 302）就是例证，两次空难分别造成了 189 人和 157 人丧生。当时执飞的飞机是波音 737 MAX 8 客机，据悉造成该空难的原因是飞行的自动控制系统出了问题。相关媒体报道称可能是由于 MCAS（Maneuvering Characteristics Augmentation System）（为防止飞机失速的机动特性增强系统）因传感器故障误以为飞机失速自动接管飞机并强制飞机

[1] 张洪忠，王竸一 . 机器行为范式：传播学研究挑战与拓展路径 [J]. 现代传播（中国传媒大学学报），2023，45（01）：1-9.

[2] Gerber A，Derckx P，Döppner D A，et al. . Conceptualization of the Human-Machine Symbiosis——A Literature Review[C]//Proceedings of the 53rd Hawaii International Conference on System Sciences. 2020：289-298.

向下俯冲，夺取了飞行员控制飞机的主动权而导致惨剧发生。[1]美国联邦航空局曾指出，过度依赖自动驾驶仪已经成为空难发生的主要因素之一，只有在飞行过程中把主动权和责任完全交到飞行员手中，才能更大程度地保证飞行安全。

在复杂的机器操作中，仅凭机器或者仅凭人来单方面操作难度较大，未来工作环境中离不开的是人机协作。国际象棋大师加里·卡斯帕罗夫在人机对弈比赛后率先提出了"人加机器"（man-plus-machine）的协作模式，即利用人工智能来辅助国际象棋选手，而非把人类棋手和机器放置在对立面。事实证明在自由式国际象棋比赛中，人工智能可以帮助人类超越自我，提升下棋水平，使人类成为更优秀的国际象棋选手。在人机协作过程中，一方面是控制权的问题，另一方面绕不开的还是理解意图，它是人机协同中重要的一环，即如何让人工智能正确理解人类的真实意图。因此，要从观念上认识到未来社会是人与机器共同构建知识生产共同体，机器是人类参与社会活动的协作者，在人机协作中共同拓宽知识边界，提高知识生产效率；人类要通过积极的人机协作超越自我，体现人机共生时代人的主体性。

人机共生时代，人工智能开始超越传统客体与主体的关系，呈现出主体的某些特质并参与进人类的社会活动中。共生意味着比交互技术更重要的东西，那就是通过技术赋能解放人的主体性，而不是因为人机交互减弱人的自我意识，并进而消解人的主体性。

理解人类在人机系统中的最优、最理想的角色，就需要认识到人工智能是人的机体的延伸，人工智能不具有建构社会关系的能力、不具有感性思维，而意识是人脑的机能，人可以自主构建自己的社会关系，人才是主体。人工

---

[1] Hawkins A J. Deadly Boeing crashes raise questions about airplane automation. "Automation is a double-edged sword". The Verge[EB/OL]. [2019−03−15]. https：//www.theverge.com/2019/3/15/18267365/boeing-737-max-8-crash-autopilot-automation.

智能是人类摆脱"对物的依赖性"到"自由个性发展"的一种手段。[1]

因此，人机协作其实反映了人机共生关系一个很重要的问题就是对人机边界（boundaries）的概念和尺度的把握。人类对于边界的理解是非常重要的，这种理解决定了人机共生是否能实现以及是否是最优解决方案。因为过往众多的人机协作出现的问题和失败情况的原因都指向了人类对机器缺乏信任。[2]但是人对机器产生信任，只有当他们知道机器是如何工作的以及会产生什么结果时，才能更好地建立起信任。[3]

10.1.2 人机社交互动对共生关系的影响

人工智能技术的发展使机器的工具属性得以突破，建立起"主体"身份，人机交互的形式从简单的人机互动逐渐发展为复杂的人机传播（Human-Machine Communication，HMC）。[4][5] 人机传播研究旨在能够更好地理解人类与机器人（Human-Robot Interaction，HRI）和人类与代理（Human-Agent Interaction，HAI）的互动。[6]

新冠疫情暴发之后，由于疫情蔓延，人们无法与现实中的朋友们相聚，被迫保持社交距离进行居家隔离的人们似乎更深刻地意识到陪伴的重要性，

[1] 卢卫红，杨新福. 人工智能与人的主体性反思 [J]. 重庆邮电大学学报，2023（02）：85-92.

[2] Gerber A, Derckx P, Döppner D A, et al.. Conceptualization of the Human-Machine Symbiosis—A Literature Review[C]//Proceedings of the 53rd Hawaii International Conference on System Sciences. 2020：289-298.

[3] Jarrahi M H. Artificial intelligence and the future of work：Human-AI symbiosis in organizational decision making[J]. Business horizons, 2018, 61（4）：577-586.

[4] 蔡润芳. 人机社交传播与自动传播技术的社会建构——基于欧美学界对 Socialbots 的研究讨论 [J]. 当代传播，2017（06）：53-58.

[5] Guzman A L, Lewis S C. Artificial intelligence and communication：A human-machine communication research agenda[J]. New media & society, 2020, 22（1）：70-86.

[6] Spence P R. Searching for questions, original thoughts, or advancing theory：Human-machine communication[J]. Computers in Human Behavior, 2019, 90（1）：285-287.

但个体需要向外界倾诉的欲望与日俱增，不少人开始向智能虚拟机器人求助，以排解和宽慰焦虑和抑郁的情绪。莉比·弗兰科拉（Libby Francola）住在休斯敦地区，在疫情期间她经历了分手，精神状态不佳，于是她开始尝试使用 Replika 的智能手机应用。[1] 尽管目前来说，Replika 作为对话助手存在不少缺陷，仍有数十万人每天使用 Replika，疫情期间，在美国新冠疫情流行的高峰期，有近 50 万人下载了 Replika，平均每人每天发送 70 条消息。[2]

　　新冠疫情的隔离政策为智能虚拟助手大规模进入普通人的日常生活提供了时代的契机。与其说新冠疫情大流行改变了人类的生活方式和社会运转模式，不如说这种变化趋势始终存在社会的数字化变革之中，但是新冠疫情大流行的降临加快了这个趋势的发生速度。未来人工智能会让大多数人失业吗？从工业革命以来技术变革与社会生产的结果来看，纺织机的出现也一度引起手工业者的恐慌，事实证明，机器的出现虽然取代了部分工人的工作，但是它同样创造了其他的就业机会。因而，AI 时代工作将会转变成为新的形式。安德烈斯·奥本海默在他的《改变未来的机器：人工智能时代的生存之道》一书的最后一章中讨论了未来十大工作领域，其中他提到未来最常见的职业之一可能会是"遛人师"，已经有科技公司将"遛人师或陪聊者"作为未来 10 年最需要的 20 多个职位之一。[3] 这项服务尤其是面向老年人群体，因为研

[1] Cade Metz. Riding Out Quarantine with a Chatbot Friend："Feel Very Connected". The New York Times[N/OL]. [2020–06–16]. https：//www.nytimes.com/2020/06/16/technology/chatbots-quarantine-coronavirus.html？searchResultPosition=1. 在冠状病毒大流行的高峰期，人们对智能虚拟助手的需求提升，相关软件开发公司的产品用户数量出现激增，有 50 万人下载了 Replika，这是该网站三年历史上最大的月度增长，这款应用的流量几乎翻了一番。

[2] Metz C. Riding Out Quarantine With a Chatbot Friend："Feel Very Connected". The New York Times[N/OL].[2020–06–16]. https：//www.nytimes.com/2020/06/16/technology/chat-bots-quarantine-coronavirus.html？searchresultposition=1.

[3] 安德烈斯·奥本海默. 改变未来的机器：人工智能时代的生存之道 [M]. 徐延才，陈虹宇，曹宇萌，等译. 北京：机械工业出版社，2019：287.

究者认为即便是在智能机器能够安抚老人情绪和陪伴老人的前提下，孤独的老年人也会需要真实个体的陪伴，这点可能是陪伴型机器人始终无法取代的。另一个高需求的职业是"精神咨询师"，因为在数字化世界中，家庭解体的可能性和个体的孤独感和精神空虚都会日益增长，从而促使个体对精神导师产生更大的需求。[1] 而精神导师所能提供的慰藉和人性的温暖是机器和算法无法企及的，也并非智能虚拟助手能代替的。

此外，在人际交往过程中，对于社会资本的研究其实很大程度上与个体所拥有的资源、人脉有着较强的关系，它涉及的是一种资源互置、资源交换的过程。从认知层面的社会资本和社会网络来说，对知识排他性的控制比拥有很多知识本身更重要，掌握关键节点信息的人往往被认为是权力最大的人之一，越是能够控制信息流向的人越是被认为掌握多个结构洞，那么他在这个网络中的地位越重要、资源越丰富。这是在传统的基于人与人之间交往获取信息的基础上得出的结论。但如果智能机器人走进千家万户，智能机器人背后依赖的算法和知识库存是一样的，那么与其交往后可能带来的是一种对知识存储的同质化，"谁知道谁，谁知道什么"这件事可能在场景中失去了原有的效力。

10.2　人机互动对媒介融合效果的影响与作用

智能虚拟助手从信息生产和传播的角度来看可以被认为是一种新的信息载体，因为它是一种信息和内容输出的媒介和渠道，内置的语料库以及联网获取信息的功能都能够承载起信息再传递的功能，用户可以将虚拟智能机器人作为信息获取渠道，通过聊天和对话来获得所需信息。数字化技术和人工

[1]　安德烈斯·奥本海默. 改变未来的机器：人工智能时代的生存之道 [M]. 徐延才，陈虹宇，曹宇萌，等译. 北京：机械工业出版社，2019：293.

智能技术将会全面、深刻且极具创造性地参与到社会媒介化进程的变迁中，我们已不能简单地将媒介等同于平台、渠道和传播介质，它正在向我们的日常交往对象入侵，这会是一种颠覆性的影响。媒介可供性的变化与用户对媒介可供性的想象会不自觉地驱使用户改变他们的互动行为和模式，反之，这种新型社会关系和新型人际互动关系的出现又会推动媒介融合的演进过程。

电子媒介时代出现之后，人们工作和娱乐的界限开始变得模糊，工作与娱乐这两种截然不同的互动形式在电子时代开始出现融合，这种融合的方式是新媒介的特性，抑或是说媒介的可供性所带来的影响。如同梅罗维茨在描述电子媒介对社会行为的影响时认为儿童和成人每周都得花许多小时面对电子屏幕或者电子设备玩游戏或者处理工作，这与早期狩猎和采集社会中人们缺乏社会形态和社会行为边界很类似，因为在电子时代很难维持完全隔离的场景，人们总会不同程度地卷入多维度交织的信息社会。

梅罗维茨认为电子媒介的出现割断了个体获取资讯时物质地点与"社会地点"的联系 [1]，大众化的电子媒介赋予了个体更多获取资源和信息的渠道和权利，从而让社会场景和社会位置对于信息可达性的限制失去了原先口语和印刷时代的效力。相比之下，智能虚拟助手是一个既具有大众意义色彩又具有高度个人隐私色彩的媒介物。大众意义色彩源自其背后所依赖的算法系统和共享的语料库和资源，在用户所获取的信息中许多内容具有同质性，与大众传播时期报纸、广播、电视所传播的信息具有相似性。但是，智能虚拟助手又是以个人电子助手的身份存在，它与用户之间可能建立的"契约关系"是私人的，而用户与其对话、分享的内容又是具有高度私密性的，这又将"场景"和"身份"的概念嵌入新的媒介关系之中，从而对互动形式产生影响。

以亚马逊的 Alexa 和谷歌助手为例，两家公司均将他们的技术提供给独

---

[1]　约书亚・梅罗维茨 . 消失的地域：电子媒介对社会行为的影响 [M]. 肖志军，译 . 北京：清华大学出版社，2002：110.

立开发者，使开发者得以在他们的平台上学习和构建新的应用程序[1]，就像是苹果应用商店和微信里的小程序，语音助手作为一个平台和接口，支持其他产品基于该平台进行产品的研发，以促使该语音助手多方位地应用程序。EBSCO 在亚马逊和谷歌平台上分别都开发了界面（interface），允许用户通过 Alexa 和谷歌 Home 访问其服务的内容。智能虚拟助手未来更有可能成为各项服务的接口和终端，不仅能与人互动交流，还为人们提供所需的信息服务。有研究提出在社交媒体上以虚拟人格发布信息的社交机器人的存在会增加人们对特定信息的接触，为社交媒体上的舆论操纵提供可能。[2] 新型的技术拓展了媒介可供性的想象，用户可以在新的平台上探索新的互动形式，互动方式的多元化既包括与机器本身的一个交互行为，也包括以机器为中介的更深层次的、与他者的交往行为。可供性想象的魅力就在于它在不断创造新的场景和空间，场景是最富有空间想象力和探索性的，人们可以将互动特点完全与场景的特征相接洽，来培育出新型互动模式。

互联网诞生后出现的电脑中介沟通（CMC）模式对媒介形态的更迭以及用户与媒介沟通的方式都带来了革命性的变化，互联网以最快速的媒介穿透率在突破各个阶层和界限，以最快的速度涵盖各个群体。新的技术带来了新旧媒介之间的碰撞与交融，人作为操纵技术和辅助媒介技术实现的主体，在与机器交流互动过程中，也在改变媒介融合的模式。因为在互联网牵连起来的虚拟世界中，用户既是使用者，又是生产者，在使用网络基础服务时也提供了内容创作，从某种意义上来说，他们也是使网络具有实质内涵的缔造者。[3]

[1] Shih W, Rivero E. Use Alexa and Google Assistant for teaching and communicating Voice Assistants[EB/OL].[2020–06–01]. https://americanlibrariesmagazine.org/2020/06/01/voice-assistants/.

[2] 师文，陈昌凤. 分布与互动模式：社交机器人操纵 Twitter 上的中国议题研究 [J]. 国际新闻界，2020, 42（5）: 61–80.

[3] 曼纽尔·卡斯特. 网络社会的崛起 [M]. 夏铸九，王志泓，等译. 北京：社会科学文献出版社，2001: 437.

网络的发展路径和人们在发展过程中形成的基于网络／电脑为中介沟通方式的习惯，为智能技术大规模进入人们的日常生活开辟了康庄大道。早期，智能产品可以作为互联网技术的升级版或者数字智能版进入生活，从而减小接纳新技术过程中的阻力。

10.3　人机互动对社会变迁趋势的影响

每一次重大的技术突破对于社会生活秩序都会带来强烈的冲击和震荡[1]，与过去的两次工业革命相比，互联网时代所带来的冲击将会是更加深刻而全面的。网络的发展使得不在场交往、经验传递和社会认同三方面发生的变化已经深入社会心理结构，这预示着人类社会将面临一次空前的社会结构转型。[2] 媒介的变革会带来权力的转移和变化，已有无数的媒介学家讨论过印刷媒介对打破政治权力集中化、神权和文化中心主义的影响，即便是在电子媒介时代，以单向传播为主要特征的新媒体也能实现一种集中式宣传，如广播电视还是能够成为政治宣传的有效"武器"。真正去中心化的传播其实是在网络时代才得以有效开展，因为信息的发布与传播不再与权力、身份直接挂钩，而是与技术发生勾连。因为互动式的形式是技术赋予的权利，人们可以随时随地与世界各地的人产生联系或者获取信息，削弱了媒介对知识垄断的威力。人工智能技术对交流与沟通的影响可能还不仅是对交互性的赋权，其革命性质的关键点所在是改变了对话的对象。具体而言，原先与网页、软件的交互行为被语音替代，有一个机器终端能够相对自主地完成对话过程。彭兰指出，在新技术赋能下的人机互动会带来新的权力中心，它包含对内容消费者的控制权力、对内容可见度的控制权力、对内容生产者的控制权力以及对人们媒介

[1]　孙立平 . 走向积极的社会管理 [J]. 社会学研究，2011，26（4）：22–32+242–243.
[2]　张翼，张宛丽，罗琳 . 当代中国社会结构变迁与社会治理 [M]. 北京：经济管理出版社，2016：420.

化生存的影响权力。[1] 在整个智能系统运行过程之中，权力的变革无处不在。

如果说 Web2.0 和 Web3.0 时代的不在场交往是一场缺少身体在场，但言语自由流动的语言、符号与表情的社会交往，那么机器人时代的社会交往可能是一种代码式符号的交往形态，在交流前都无法分辨你在与谁进行交流、信息来源于何处。在梅罗维茨所处的电子时代，他认为当电子化与交往行为交织在一起时，场景和行为的界定不再以物质位置的变化而转移。[2] 卡斯特的网络社会是一个流动的社会空间，这种流动性形成了一股支配力量，席卷政治、经济和社会生活。新兴的人工智能技术可能会带来交流秩序的混乱，模糊表达和意义的归属，真正变成一堆飘浮在空中的能指和所指。

而基于网络的经验传递过程则是通过大量的信息流动把局限在不同环境下的在场经验串联起来，使原先固定在某一空间中的在场经验也具有了传递性。从"阿拉伯之春"到"占领华尔街"，两个发生在不同制度环境下的社会运动又具有天然的连接性，这正是基于网络交流的传递作用所迸发的力量，"不同地域、不同民族、不同制度环境中的底层社会成员，形成了共同的价值追求、政治目标和冲击对象，民主、自由、平等、公正正是这场波澜壮阔的社会运动的共同呼声，这是网络交流促成在场经验快速传递的典型事实"。[3] 这种经验的可传递性的前提条件就是网络为人们的精神世界的交流筑起了广阔的平台，使得人们在精神层面产生了共同体验，从而有助于经验的跨空间传递。

从技术的社会形成论角度来说，技术和社会不断进行彼此影响，而技术驯化理论则是强调在日常的生活实践中，我们把过去看似新奇甚至吊诡的新

[1] 彭兰. 智能传播中的人类行动者 [J]. 西北师大学报（社会科学版），2024，61（4）：25–35.

[2] 约书亚·梅罗维茨. 消失的地域：电子媒介对社会行为的影响 [M]. 肖志军，译. 北京：清华大学出版社，2002：111.

[3] 张翼，张宛丽，罗琳. 当代中国社会结构变迁与社会治理 [M]. 北京：经济管理出版社，2016：426.

鲜技术糅进了生活，使技术从神坛回归稀松平常，这就是技术驯化的结果[1]，这是站在以人为主导能够有效控制技术的立场上，但是新旧媒介总是在不断更替之中，"当一种中介化传播形式刚刚被驯化后，另一种略做变形的新媒体就会站出来迷惑我们"。[2] 新的媒介和新的传播方式注定会冲击旧有的社会组织形式，新的媒介产生的影响是相互联系的，以此来保证它对内容和形式的控制感。

弗朗西斯·福山在面对网络技术时提出了越发成熟的信息社会如何走出大断裂的问题，即社会秩序的重建问题。在媒介环境学的视角下，媒介的迭代演化通过改变接收信息的方式重塑场景、空间和社会身份的关系，从而改变社会秩序。[3] 当人工智能技术甚嚣尘上之时，我们就需要跳脱出以互联网为媒介式的思考方式，更多地去应对技术对社会秩序的冲击与破坏后的重建。

10.4　本章小结

人机互动的最初的一种模式就是人机协作，因此可以说人机协作的历史由来已久。研究者认为，在不远的未来，人类将面临的人机共生状态将从人机如何协作开始演化，当前人机协作几乎主要依赖于根据人类发出指令完成动作的被动协作方式，未来更可能切换为根据实际状况互为主导的模式，但必须确保的是在突发紧急情况涉及他人生命安全时，主导权必须牢牢把握在人类手中。

---

[1] 南希·拜厄姆.交往在云端：数字时代的人际关系 [M].董晨宇，唐悦哲，译.北京：中国人民大学出版社，2020：47.

[2] 南希·拜厄姆.交往在云端：数字时代的人际关系 [M].董晨宇，唐悦哲，译.北京：中国人民大学出版社，2020：51.

[3] 约书亚·梅罗维茨.消失的地域：电子媒介对社会行为的影响 [M].肖志军，译.北京：清华大学出版社，2002：298.

如果未来人工智能所依赖的语料库、数据库实现打通共享后，可能每个用户可获得的巨大知识库是一致的，"谁知道谁"和"谁知道什么"的知识框架将不再重要，重要的可能变成推荐算法所营造的过滤气泡会决定一个人知识的边界。

数字化技术和人工智能技术将会全面、深刻且极具创造性地参与到社会媒介化进程的变迁中，我们已不能简单地将媒介等同于平台、渠道和传播介质，它正在向我们的日常交往对象入侵，这会是一种颠覆性的影响。媒介可供性的变化与用户对媒介可供性的想象会不自觉地驱使用户改变他们的互动行为和模式，反之，这种新型社会关系和新型人际互动关系的出现又会推动媒介融合的演进过程。

人工智能技术的诞生与发展是整个技术社会变迁潮流中具有断裂式跨越性意义的事件，是社会变迁的内生动力。正如吉登斯在剖析社会变迁时认为所有的社会生活都是片断性的，应该将片断特征看作一个变迁序列的开端，来追寻这一过程的发展脉络。[1] 现代社会的技术发展具有一定的连贯性，但也具有断裂性，技术习得的数字鸿沟造成的社会生活的区隔将日常生活分割成某种意义上不同的"社会系统"。吉登斯曾用"时空边缘"来指向不同社会系统下不同结构类型社会的联系 [2]，智能社会或者称为"数字社会"与传统社会之间正在保持一种既共生又冲突的不稳定、不确定的关系，处于更替过程之中。而在"时空边缘"的用户也会随着对技术的采纳情况从一个时空边缘选择彻底滑向另一个社会形态，从而推动创新扩散生命历程的完成。

新的智能技术的出现必然带来社会秩序的变化，新技术仍然在不断打破在互联网架构下正在重建的社会秩序，那么重建的过程不仅伴随着技术的变化，更多地可能会涉及网络空间的政治话语体系和政治权力的博弈与斗争。

---

[1] 安东尼·吉登斯. 社会的构成：结构化理论纲要 [M]. 李康，李猛，译. 北京：中国人民大学出版社，2016：230.

[2] 安东尼·吉登斯. 社会的构成：结构化理论纲要 [M]. 李康，李猛，译. 北京：中国人民大学出版社，2016：156，230.

第十一章

研究结论与研究展望

11.1 迈进日常生活的智能机器人

研究者在本书中提纲挈领地爬梳了智能机器人的缘起和演进过程，以聊天系统 Eliza、专家系统 Dendral 以及 90 年代后出现的聊天机器人 Alice 为几个重要的里程碑，了解智能机器人的发展历程和技术变迁。研究发现智能机器人的发展是一个逐步从军事化用途向商业化拓展、从实验室迈进日常生活的过程。笔者在研究中明确将智能虚拟助手划分为两个类型，分别是任务导向型助手和社交闲聊型机器人。人工智能技术发展的先驱、研究者和研究重镇主要集中在美国，因而在探讨智能虚拟助手的发展背景时，梳理人工智能技术以及智能虚拟助手的诞生对美国媒介环境的影响具有重要的借鉴意义。研究者从历时性的角度分析了 2016 年至 2020 年美国媒体中有关智能虚拟助手的文章，归纳出五类主题，分别是科技、虚构性故事、日常生活、艺术与展览、政治。研究发现，"科技"始终是媒体报道中讨论最多的主题，但是近些年，媒体上关于智能虚拟助手的主题开始由虚构性故事向日常生活变迁，越来越多的专栏作者开始记录他们与人工智能产品的互动，以及互动背后的反思。因此，当人工智能技术以及机器人开始走进人们的寻常生活之时，媒体和媒介环境中的内容和风向也会随之发生调整，继而媒介所营造的环境也给受众一个契机将技术与生活二者并驾齐驱比肩讨论。笔者剖析了当前智能虚拟助手发展过程中诸如技术瓶颈、用户黏性差、伦理等社会问题，其中包括像失业问题、隐私安全问题、算法偏见、网络安全问题、机器权利和道德代码问题等，会成为未来智能虚拟助手发展的障碍。

11.2　年轻人将引领智能虚拟助手新风尚

笔者基于问卷调查中关于人工智能产品使用情况的数据进行阐述和勾勒人工智能产品的用户画像，集中回应了本书的第二个研究问题——"人工智能产品的用户画像和用户感知是什么？"主要有八点研究发现。

第一，当前智能技术中，5G、3D 打印、图像识别、云计算、VR/AR 技术具有较高的用户辨识度。人工智能产品用户具有年轻化的特征，用户获取人工智能产品的信息渠道主要来源于新闻资讯、电视节目/影视作品、微信公众号/朋友圈、在线社区（如知乎、小红书等）等渠道。与其他产品相比，信息获取渠道最大的特点在于"电视节目和影视作品"成为用户了解人工智能产品的第二大信息来源渠道，说明科技、科幻题材的故事情节和影视节目对受众有潜移默化的影响力。具有科普属性的渠道在智能产品的大众宣传效果方面遇冷，用户接受度不高。

第二，在人工智能产品中，用户使用最多的就是智能虚拟助手，其次是智能翻译、智能家居、无人机等产品。用户最期待人工智能产品应用在交通出行、智能助理、娱乐、家居、医疗、教育等场景中，说明人们对于人工智能技术进入日常生活以及家用化的需求强烈。

第三，研究发现未听过人工智能产品的族群特征集中表现为三、四线城市的中老年人，同时该人群无车、生活层次水平较低的可能性高。而一二线城市、经济条件较好、有车有房、在体制外从业的高学历的年轻人有更大的可能性归属于人工智能产品的早期体验者。人工智能技术和产品的体验与使用具有一定的年龄和经济条件门槛，同时一线城市和发达地区会有更多机会接触和体验人工智能产品。人工智能产品的接触和使用中也依旧存在地域空间、教育和年龄等不平等问题。未来普及人工智能等数字化技术时要格外注意技术数字鸿沟的问题,政策应适当倾斜地向部分人群进行宣贯和指导。同时,研究发现人工智能技术的接受曲线很可能遵循了互联网发展初期的递进式创新扩散的特点。

第四,智能虚拟助手市场呈现出明显的长尾效应。百度小度、苹果 Siri、小米小爱同学、天猫精灵是使用最多的虚拟助手。同时,随着智能家居在一、二线城市的兴盛,内嵌于智能音箱的语音助手也呈现出市场占有率大幅度上升的趋势。智能音箱中小米小爱同学、百度小度和阿里天猫精灵的用户使用情况占比较高。使用智能虚拟助手的群体画像呈现出"双峰"态势,即 25 岁和 40 岁前后两个峰态,这符合典型的历程扩散模型的分布情况,可以预见,未来高收入的年轻群体和中年成熟用户将共同引领智能虚拟助手在中国市场的全面铺开。Siri 的用户画像与苹果手机的用户特征一致,集中在有较高学历的年轻人和中年人群体中;微软小冰的用户画像特征为一线城市的青少年用户;小度的用户群中年轻人以独生子女为主,但 40 岁往后以非独生子女为主;小爱同学以年轻的中高收入群体为主,一些青睐智能家居的年轻人是小爱同学的忠实用户;天猫精灵的用户中 40 岁以下的男性用户的比例高于女性,而40 岁后女性用户比例上升,体现出"技术红颜"对消费的引领作用。此外,根据每个产品的用户规模情况来看,即便智能虚拟助手在人工智能产品的用户数量中已经属于头部,但分摊到每个产品,用户规模仍然受限。因此,从当前市场占有率以及该产品的发展前景来看,仍有较大的市场空间。

第五,用户最常使用的智能虚拟助手的功能是查询天气、设置闹钟、路线导航、打电话、百科问答等。被调查者认为当前智能虚拟助手最需要改进的是"理解能力差,经常答非所问"以及"回答太生硬,模式化"的问题,这既是制约用户与智能虚拟助手深度交往的原因,也是当前自然语言处理技术所面临的技术瓶颈。面对智能虚拟助手进入人们的日常生活,绝大多数用户持有正面评价,认为它们让生活更加方便、简单和快捷且更加有趣。同时偶尔能够缓解孤独，提供陪伴。但也存在一些负面效应，比如职业风险、社交障碍等。

第六，人工智能技术和机器人技术的成熟，正在使"技术性失业"逐步变成一个即将到来的事实。针对人工智能对社会职业的影响，调查结果显示，服务类岗位最容易被人工智能技术所取代，比如翻译、接待员、保姆、文员、司机等。即使是像医生、律师、教师等传统观念中有较高知识技术门槛的职业也面临被技术和机器替代的风险。但总体而言，技能水平和受教育程度依旧是与失业风险高度挂钩的重要因素。重复性劳动、繁重的劳动和缺乏创造力成为最容易被替代职业的主要特点。随着人工智能时代的来临，人们关于人工智能解放人类职业困境的乌托邦式的幻想即将幻灭。

第七，针对用户对人工智能的风险感知方面，用户较为担心的主要是数据隐私泄露问题、社会职业风险问题以及自动化新闻、个性化信息推荐问题等。自动化新闻和推荐算法的应用可能会带来回音壁效应和意见极化的潜在风险。研究发现女性和非已婚群体对风险感知的敏感程度较高。就兴趣感知而言，用户兴趣感知的程度可以作为判别个体是否在新技术接受阶段属于早期接受者。非学生身份的群体比学生身份的群体有着更高的兴趣感知程度。

第八，在用户的接受意愿研究方面，研究发现用户会对扮演功能型和情感型两种类型身份和提供两类服务的智能虚拟助手产生不同的接受意愿。非学生身份、已婚的用户对功能型机器人的接受意愿程度更高，独生子女用户对情感型机器人的接受意愿程度更高。

11.3 是"伙伴"，也是"工具人"的随机波动身份

研究者通过运用扎根理论开展质性研究来回应提出的研究问题三和研究问题四。通过对22位中度和重度智能虚拟助手的被访者的深度访谈资料进行

分析，研究者对于人机互动关系模式获得了若干发现。在研究中笔者提出了新的研究框架，对用户的行为特征、情感态度的成因和表现都有了更深入的认识和思考，为该领域的研究作出了探索性和基础性的理论贡献。

第一，研究者在运用扎根理论进行选择性编码时，以使用初衷和动机—使用行为—原因条件—态度、结果作为基本视角来串起人机互动行为的故事逻辑。研究者关注了青少年和青年人如何与智能虚拟助手进行互动的过程，除个体的个性特征外，最可能影响个体互动过程的是其所处的家庭环境和社会环境。因此，研究构建了影响人机交互行为的条件圈，条件圈结构图中的中心圆圈分别代表的是青少年和青年人在与智能虚拟助手交互时的行动策略和所面临的外在客观环境，由中心圆圈向外扩散是依据直接性与间接性对个体所造成的影响进行排布的。由内向外的圈层分别是：①使用者与智能虚拟助手的直接交互行为；②人口及个性特征；③朋友、家庭、学校或单位，其中主观规范和群体规范在其中起作用；④社交媒体、社群和论坛，包括社群效应和媒体影响；⑤文化环境和社会环境。本研究构建出条件圈的结构图，有助于理解和厘清个体用户与智能虚拟助手的互动模式及行为影响因素，由中心圆圈向外扩散的依据是环境与个体关系的远近程度，即根据直接性与间接性所造成的影响进行排布的，但圈层距中心个体的影响力的强弱并非随着圈层的向外扩散而递减，因而该圈层不存在固定的亲疏远近层次，而是一个随机波动的状态，主要受个体差异因素的制约。

第二，笔者通过分析访谈资料区分了青少年和青年人的使用行为和态度。研究发现，青少年接受新技术和新产品的主观态度较为积极，意愿性强。他们能与智能虚拟助手进行较长时间的对话沟通，尤其是年纪越小的用户对智能助手越感兴趣，对话轮数也会随之提升。但对话持续时间与用户对智能虚拟助手的接触时间和了解程度有关，接触时间越长了解越多的用户，对其的积极程度反而会下滑。

第三，青少年的行为模型中分别由使用动机和需求、虚拟形象的想象、互动行为模式和建立伙伴关系几个部分构成。青少年的使用动机和需求归纳出七个主要概念：便利性需求、学习需求、娱乐需求、兴趣需求、社交需求、倾诉需求和陪伴需求。在互动行为模式中，研究者分析了互动行为的内容和互动行为的限制因素。青少年与智能虚拟助手的互动行为受设备可用性、使用场景、场景中的对象以及机器人的具身性等因素限制。研究发现，青少年意识到智能虚拟助手作为虚拟客体能够提供陪伴的功能，并且会与其建立起伙伴关系，这种关系的建立与用户使用动机中的陪伴需求有较为直接的关联。青少年把智能虚拟助手当作朋友、家人的意向性较高，但该意向性似乎有随着年龄的增长而递减的趋势。在对待智能虚拟助手的态度上，如果青少年将其当作朋友、伙伴或是亲密关系的对象看待的话，青少年会有意识地注意与其交往过程中的态度，会表现出与朋友交往时的社会礼仪和规范。此外，在建立亲密关系和情感依赖时，如果用户从智识的角度去看待虚拟智能机器人时，一旦认为对谈者无法共情，用户便容易丧失建立情感关系的积极性，从而削弱其情感依赖。不过，需要警惕的是与科技产品建立过度的情感依赖会对个体产生负面效应。用户怀有警惕心和防沉迷意识时会影响他们与智能虚拟助手建立情感依赖。

第四，研究中的青年人被访者使用智能虚拟助手的需求主要可以被概括为便利性需求、娱乐需求、社交需求、职业需求、兴趣需求、尝鲜需求等。在谈及智能虚拟助手在他们生活中所扮演的角色或者作用时更多地去强调其工具属性，更少甚至是抗拒与它们建立起亲密的关系。被访者在机器伦理方面会刻意进行机器工具化的心理暗示，从而将自己从对机器抱有伦理的顾虑中解脱出来。在情绪宣泄上，默认机器天然能承受来自人类的负面情绪和压力。

第五，青年人以理性思考的方式更加深刻地表达出身体之于机器人的重要性观点，青年人被访者不会去赋予机器人除工具外的身份，很大程度上是因为它缺乏身体，继而也认为其缺乏智慧、思维和灵魂。因此，绝大多数青年人对待交友、对待与机器交往表现出了更加谨慎的态度，或是为了区分机器与个体的主体性差异而人为地给智能虚拟助手的身份制定一些更加严苛的标准和门槛。

11.4 建立新型社会关系——"混合关系"

针对访谈材料的定性分析中，研究者还回应了第四个研究问题，明确回答了与智能虚拟助手长期的交互与沟通会对现实中的人际关系产生影响。大众媒介的出现曾经被认为是催生了一种新型社会关系，即"准社会关系"。中介化沟通盛行后也被认为在现实中构建了新的社会交往关系，即"虚拟社群"的体验。那么，智能虚拟助手这种直接可对话的人工智能产品在新的媒介环境下也将对传统的人际互动和交往产生影响，并与用户之间建立起某种新型社会关系——"混合关系"。

首先，研究发现，智能时代突破传统基于社会规范的交流方式具有实践意义。数字原住民不愿意费心培养人际关系，有些人甚至表现出传统礼节是一种负担和成本，越来越不能忍受不必要的交流。研究发现即便人们清晰地意识到机器当前无法像人一样正常交流和沟通，但是与机器对话轻松自在的状态依旧会让人在对话中处于放松状态，而不用像与真人对话一样需要担心对方可能因为自己的话语而不悦。研究还发现，科幻题材类的小说影视情节都会引导人们如何认识和理解人工智能及其智能虚拟助手。

其次，青少年普遍对智能虚拟助手会有一种天然的信任联结，但是青年人却很难与智能虚拟助手建立亲密关系和信任关系，因为青年人对机器的信任是与其智能程度相挂钩的，青年人的不信任并非从情感层面出发，而是从工具属性视角出发的。

最后，研究发现小说、科幻电影等虚构故事曾对用户营造过一种虚拟世界中的景象，这在潜移默化中塑造了个体的世界观和价值观。但个体由此所接纳吸收的意识形态、价值观、伦理考量以及对于未来世界的幻想很大程度上是基于他者对于异度空间的再创造。因而综合来看，这种新型的"混合关系"——用户享受与机器对话时轻松自在的状态，但又受到理性制约可能会排斥建立亲密关系与信任关系，这种波动状态下的新型的"混合关系"具有强烈的内部张力，使人机关系处于不断变化和平衡之中。

11.5　超越人机协作，走向人机共生

笔者以宏观的视角来分析人机互动对共生关系及社会变迁的影响，聚焦于回应第五个研究问题——"智能虚拟助手对人机共生关系的影响是什么？"在对"共生"这一概念进行剖析后，笔者从以下几个方面思考未来人机互动是如何从人机协作走向人机共生的。

第一，人机互动最初的一种模式就是人机协作，因此可以说人机协作的历史由来已久。研究者认为，在不远的未来，人类将面临的人机共生状态将从人机如何协作开始演化，当前人机协作几乎主要依赖于根据人类发出指令完成动作的被动协作方式，未来更可能切换为根据实际状况互为主导的模式，但必须确保的是在突发紧急情况涉及他人生命安全时，主导权必须牢牢把握在人类手中。

第二，如果未来人工智能所依赖的语料库、数据库实现打通共享后，可能每个用户可获得的巨大知识库是一致的，"谁知道谁"和"谁知道什么"的知识框架将不再重要，重要的可能变成推荐算法所营造的过滤气泡会决定一个人知识的边界。

第三，数字化技术和人工智能技术将会全面、深刻且极具创造性地参与到社会媒介化进程的变迁中，我们已不能简单地将媒介等同于平台、渠道和传播介质，它正在向我们的日常交往对象入侵，这会是一种颠覆性的影响。

媒介可供性的变化与用户对媒介可供性的想象会不自觉地驱使用户改变他们的互动行为和模式，反之，这种新型社会关系和新型人际互动关系的出现又会推动媒介融合的演进过程。

第四，新的智能技术的出现必然带来社会秩序的变化，新技术仍然在不断打破在互联网架构下正在重建的社会秩序，那么重建的过程不仅伴随着技术的变化，更多地可能会涉及网络空间的政治话语体系和政治权力的博弈与斗争。

11.6　本研究的局限性

本研究的局限性主要体现在以下几个方面：第一，本研究在定性和定量研究中采用了不同源的数据探讨不同的研究问题，无法形成定量研究和定性研究结论之间的映射和关联。第二，问卷研究主要调查了用户对于人工智能产品的基本使用情况和态度感知，尚未更深入地探测用户与人工智能产品间的关系，无法为定性研究归纳总结出的模型做验证性假设检验，不过这也为未来研究路径开辟了新的研究思路。第三,定性访谈研究的代表性还有待提升。虽然已经尽可能兼顾南北地域和东西地区的平衡，但总体来说所访谈的对象都分布在一、二线城市，而未有来自三、四线及以下城市的被访者，以及农村地区的被访者，这对于本研究来说是一个比较大的缺憾，同时可能会对定性研究的结论和分析框架模型产生影响。第四,在定性研究被访者的选取方面，本研究只聚焦和对比讨论青少年和35岁以下的青年人群体，但尚未关注到也是智能虚拟助手的重要用户群之一的老年人群体，因而在被访样本中具有年龄上的局限性,这也是未来研究能够继续深化和拓展的。上述这些研究局限性,也为笔者未来深化研究提供了契机和路径。

11.7　未来研究展望

　　人机关系的研究，未来将会从割裂的、独立的研究变成一种互嵌式人机关系研究，即你中有我，我中有你。在未来的研究中，研究者很难再将人与机器割裂开来研究，或者简单比对两者间关系，人机共生共融是必然趋势。随着脑机接口技术的成熟，人机关系也将突破新的领域和范畴。

　　一种新的媒介的出现，不仅意味着它可能带来信息生产方式的革新，也意味着这项技术背后将带来的结构性变化。人机关系的转型和角色的调整也将以渐进的方式改变人类社会的交往模式和交往关系，同时构建起一种新型的人机交互模式和交往形态。这种隐含在技术背后的新型人机互动关系会对个人、媒介与社会都带来全新的变革。数字化技术和人工智能技术将会全面、深刻且极具创造性地参与到社会媒介化进程的变迁中。本书里所提及的媒介环境已不再单单指向传统的"媒介"含义，也就是说，我们已不能简单地将媒介等同于平台、渠道和传播介质。未来的"媒介环境"将更加地广义化，是一种兼具宏观和微观属性的环境概念，同时"媒介"——它正在向我们的日常交往对象入侵，这将会带来一种颠覆性的影响。因而，笔者认为未来的研究可以在本研究所探讨的以智能虚拟助手为对象的人机互动关系基础上，更多地聚焦于人机互动是如何实现跨平台、跨介质的传播的及其研究重点可以关注基于人机互动关系的传播效果研究。